Undine Westphal

NATURNAH UND ALLTAGSTAUGLICH IMKERN

Was summt denn hier?

Naturnah imkern mit Herz & Verstand

Die ersten Jahre der Imkerei liegen hinter Ihnen, aber so richtig glücklich sind Sie nicht? Es werden bei der Durchsicht zu viele Bienen gequetscht, Bienen in Kunststoffbeuten zu halten geht Ihnen gegen den Strich? Geht es nicht auch anders? Kann ich meinen Bienen nicht einfach den Honig belassen? Schwirren Ihnen diese Ideen im Kopf herum? Dann sind Sie hier goldrichtig. Die Antwort heißt: naturnah imkern. Was aber verbirgt sich hinter diesem Wort?

Per Definition bedeutet naturnah: der Natur entsprechend und ihre Bedingungen berücksichtigend. Naturnah wird meist im gleichen Atemzug wie ökologisch, naturverträglich und wesensgemäß genannt.

Weit mehr als die Hälfte der Teilnehmer in meinen Imkeranfängerkursen möchte aus ökologischen Gründen mit dem Imkern beginnen. Bei ihnen steht nicht der Honigertrag an erster Stelle, sondern die Honigbienen und ihr Überleben. Andere imkern schon länger, fühlen sich aber nicht so richtig wohl mit ihrer Betriebsweise oder ihren Beutenformen. Viele wollen es nicht hinnehmen, dass Bienen einfach gequetscht werden und Zuckerwasser statt Honig auf dem Speiseplan für die Winterfütterung steht. Andere haben Probleme mit den Varroabehandlungen und möchten ihren Bienen keine Säuredämpfe mehr zumuten. Aber alle sind auf der Suche nach einer Möglichkeit, naturnaher und wesensgemäßer mit den Bienen umzugehen.

Wir leben in einer Zeit, in der ein Umdenken in der Gesellschaft stattfindet. Regionale Lebensmittel, ohne chemische Dünger oder Reinzuchten. Viele setzen den Fokus auf gesunde, abwechslungsreiche Ernährung und sind auch bereit, dafür höhere Preise zu zahlen. Willkommen im Club! Mir hat es noch nie Spaß gebracht, im Minutentakt Rähmchen zu ziehen, Zargen mit Schwung aufzusetzen, den Bienen auch den letzten Honig aus dem Brutraum zu nehmen und viele andere Dinge mehr. Ich habe mich von Anfang an entschlossen, mit

Eine Naturwabe im Apfelbaum, gebaut von einem Schwarm.

Holzbeuten zu imkern, obwohl gerade bei uns oben an der Küste die alte Imkermeinung vorherrscht, dass man hier nur mit Kunststoffbeuten imkern könne. Leben in einer Plastikkiste fand ich noch nie sinnvoll, warum sollte ich meinen Bienen so etwas zumuten? Also habe ich einfach mal auf mein Bauchgefühl gehört. Immer wenn ich mich unwohl mit Arbeitsschritten fühlte, habe ich mich in die Biene hineinversetzt und mich gefragt, was sie wohl sagen würde. So ist Stück für Stück eine neue Betriebsweise entstanden, die mir und meinen Bienen gut tut. Ich passe auf sie auf, und sie geben mir ein bisschen Honig ab, so unser Deal.

Alles vorbereitet, jetzt können die Bienen in den Korb einziehen.

Ich arbeite weiter mit Wirtschaftsvölkern, die auch gegen Varroa behandelt werden, aber viele kleine Dinge habe ich verändert. Ich habe meine Imkerei quasi ein wenig entschleunigt. Um mich herum ist ein neuer Bienengarten entstanden, andere Beutenformen sind bei mir eingezogen. Erst in der Testphase, dann als Langzeitversuch, und siehe da: Die Bienen überleben und scheinen sich wohl zu fühlen. Sie bilden große, kräftige Völker, sind gesund und sammeln eifrig Nektar. Daher bin ich durchaus der Meinung, dass ich auf dem richtigen Weg bin. Ich genieße es, an den Bienen zu arbeiten und an meinen besonderen Beuten viel zu beobachten. Ich nehme mir Zeit, entdecke immer noch Neues und verstehe die Bienen jetzt vielleicht sogar ein klein wenig besser.

In diesem Buch lade ich Sie ein, mit vielen Dingen einfach noch einmal von vorn zu beginnen, viel zu hinterfragen, auch einmal mutig zu sein und über den eigenen Schatten zu springen. Imkern ist nach wie vor hochkomplex und nichts für Leute, die in fünf Minuten mal eben die Welt retten wollen. Lassen Sie sich auf das Abenteuer naturnahes Imkern ein, werden Sie ein wenig zum Bienenflüsterer, indem Sie mehr auf Ihre Bienen hören. Tauchen Sie ein in die Welt der Bienen, schärfen Sie Ihre Sinne und lernen Sie wieder zu genießen eigentlich ist es ganz einfach.

Ich wünsche Ihnen und Ihren Bienen viele schöne gemeinsame Stunden!

Schulimkerin/Dozentin/Autorin/Bienen-verrückt!

Wichtiges Wissen

Bienen besser verstehen

Sinnesleistungen: Wie tickt die Biene?

Gleich zu Beginn muss ich Ihnen leider mitteilen, dass Sie sich (nicht nur) im Bereich der Sinneswahrnehmung im Vergleich zur Biene ganz weit hinten anstellen müssen. Hier ist nicht Prahlen angesagt, sondern vor Demut das Haupt senken.

In Kurzform: Die Bienen sind uns nicht nur im Bereich der Sinne weit voraus. Der Mensch nutzt maximal fünf Sinne, wenn er esoterisch veranlagt ist, vielleicht noch den siebten Sinn, aber das war es dann auch schon. Der Mensch ist in puncto Sinne eher grobmotorisch unterwegs. Aber was nicht ist, das kann vielleicht ja noch werden … Und jetzt Vorhang auf, hier kommt die Biene.

Die Kirschblüte leuchtet im reinsten Weiß, der Lieblingsfarbe der Bienen.

DER SEHSINN

Wir fangen mal ganz klein an: Der Sehsinn einer Biene befindet sich im Auge. Wer im Biologieunterricht aufgepasst hat, weiß, dass die Bienen Facettenaugen besitzen, je nach Bienenwesen 4000–8000 Stück. Die Biene sieht leicht verpixelt, kann dementsprechend große, zusammenhängende farbige Flächen sehr gut ansteuern, scharf sehen ist dagegen nicht so ihr Ding. Sie hat es eher mit dem Erkennen von Strukturen. Auch farblich guckt sie anders, statt Rot sieht sie Schwarz und Grün ist Grau. Weiß findet sie enorm anziehend – macht Sinn, weil die großen Frühjahrstrachten wie die Obstblüher fast alle in Weiß erstrahlen. Außerdem kann die Biene ganz hervorragend im ultravioletten Bereich (kurz UV) sehen, wie wir damals in der Disco unter Schwarzlicht. Im UV- Licht kommen auch die Saftmale der Blüten zum Vorschein. Sie sind wie kleine Wegweiser auf die Blütenblätter gemalt, damit die Biene den Weg zum Nektar findet. Möchten Sie das ausprobieren, besorgen Sie sich eine kleine UV-Taschenlampe (Freunde

Hier sind die Saftmale sehr gut auf den Blütenblättern zu sehen.

von Escape-Rooms wissen was ich meine), pflücken sich diverse Blüten und dann ab in den dunklen Keller und dort anstrahlen (Warnhinweis: UV-Licht kann die Augen schädigen!).

Die Biene hat aber nicht nur zwei Facetten-, sondern auch noch drei Stirnaugen, die Ocellen. Diese lassen sich unter einer Lupe gut erkennen. Sie sind nicht bildgebend, sondern für das Erkennen der Lichtstärke und des polarisierten Lichts gedacht. So kann sich die Biene auch bei Bewölkung am Himmelsmuster orientieren, und, was vielleicht genauso wichtig ist: Sie fliegt rechtzeitig bevor es dunkel wird nach Hause. Eine Biene kann nachts nicht fliegen und würde beim draußen Übernachten als Mitternachtssnack für nachtaktive Tiere enden. Sicher ist sie nachts nur im Bienenstock.

DER GESCHMACKSSINN

Der befindet sich bei den Bienen an der Zunge, am Rüssel und an den Vorderfüßen. Ähnlich wie Fliegen können Bienen durch Nektar laufen und so schmecken, ob er süß genug ist, um ihn einzusaugen. Denn Bienen können geschmacklich sehr genau unterscheiden, wie hoch der Zuckergehalt des Nektars ist. Sollte er nicht süß genug sein, würden sich die Bienen nämlich gar nicht die Mühe machen ihn aufzusaugen.

Die Sammlerinnen, die von ihren Flügen zurück nach Hause kommen, tanzen auf den Waben, um ihren Kolleginnen die Funde mitzuteilen. Dabei geht es nicht nur darum, den Weg zu den entdeckten Blüten zu erzählen, sondern auch um deren Nektar-Qualität. Die Bienen würgen beim Tanzen Nektartropfen hervor und bieten sie ihren Kolleginnen an, um so den Zuckergehalt und den Geschmack präsentieren zu können. Erst nach dem Probieren dieser Tropfen wissen die zuhörenden Bienen, wonach sie suchen sollen. Kurz und knapp: Der Bienentanz enthält auch immer eine Nektarverkostung.

DER HÖRSINN

Dieser Sinn ist bei Bienen eigentlich nicht existent: Sie können nicht hören, weil sie keine Ohren haben. Aber sie nehmen Erschütterungen wahr. Das Organ dazu sitzt quasi in den Kniescheiben. Wenn eine Biene auf einer Wabe tanzt, um ihren Kolleginnen mitzuteilen wo sich eine lohnende Tracht befindet, gehen die „zuhörenden“ Bienen in die Knie und nehmen so die Erschütterungen auf. De facto nützt es also nichts, wenn Sie mit Ihren Bienen reden, sie werden Ihnen nicht zuhören, es sei denn Sie hätten einen tiefen Brummelbass. Dann aber vorsichtig, Sie könnten für einen Bären gehalten werden.

Was die Bienen aber wahrnehmen, ist Ihre Arbeitsweise. Sie werden entspannt sein, wenn Sie sich ruhig bewegen, Zargen sanft abstellen und nicht in den Beuten herumraken wie beim Abladen von Kieslastern. Wenn Sie ruhig sind, werden es auch Ihre Bienen sein. Bienen sind fliegende Sinneszellen, sie spüren sogar Ihre Stimmung und werden darauf reagieren. Soll heißen, wenn Sie entspannt sind, sind es Ihre Bienen auch.

DER TASTSINN

Der Tastsinn befindet sich bei den Bienen in den Sinneshaaren, die auf ihrem ganzen Körper verteilt sind, vergleichbar mit unserer Haut. Die Biene ist eigentlich ein fliegendes Sinnesorgan! Jeder Windhauch gibt Informationen an die Tasthaare weiter. Wichtig ist dies vor allen Dingen innerhalb der Beute, einfach weil es dort stockdunkel ist. Die Bienen bauen in dieser völligen Dunkelheit nicht nur lotrechte Waben, sondern lagern zielgenau Nektar und Pollen in den Zellen ab, ohne dabei etwas zu verschütten. Sie füttern die Maden mit Futtersaft ohne zu kleckern. Sie bewegen sich sicher und souverän, ohne sich zu stoßen oder gegenseitig anzurempeln. Sich sicher im Dunkeln zu bewegen, schaffen unsere Katzen nur mit ihren Schnurrbarthaaren und Nachtaugen. Die Bienen besitzen stattdessen ihre Tasthaare. So bewegen sie sich mit schlafwandlerischer Sicherheit im lichtlosen Bienenstock.

DER GERUCHSSINN

Da Bienen auch keine Nasen haben, ist die Frage sicherlich berechtigt, wo sich der Geruchssinn befindet. Wieder ist uns die Biene einen Schritt voraus. Gerochen wird nämlich mit den Fühlern. Und da die Fühler beweglich sind, hat sie nicht nur zwei „Nasen“, sondern sogar zwei bewegliche. Sie kann quasi in 3D riechen. Nicht nur woher der Geruch stammt, sondern auch, wo er anfängt und aufhört. Super praktisch! Die Biene riecht besser als ein Hund, obwohl sie gar keine Nase hat.

Übrigens

In verschiedenen Versuchsreihen hat man festgestellt, dass Bienen sogar in der Lage sind, Sprengstoff zu erschnüffeln. Ein anderer interessanter Versuch ist der Bieneneinsatz in der Coronaforschung und -testung: Bienen können tatsächlich Corona riechen. Hierzu wird weltweit geforscht, und vielleicht reicht es in Zukunft für die Testung aus, eine Biene anzuatmen statt die Tests mit dem unangenehmen Nasen- und Rachenabstrich über sich ergehen zu lassen.

Wenn es innen zu heiß wird, kühlt die Biene mit Wasser und Flügelschlagen den Stock.

SPEZIELLE SINNESLEISTUNGEN

Das zuvor Beschriebene waren quasi nur die fünf Sinne, die wir auch besitzen – und jetzt wird es erst interessant. Die Biene hat einen **Tacho** in ihren Fühlern, ganz ohne Akku. Sie weiß somit zu jeder Zeit, wie schnell sie fliegt, und sie hat sogar noch einen Trick drauf: Wenn sie schneller unterwegs ist, schaltet sie ihr Farbsehen ab, zur Energieeinsparung. Erst wenn sie in ihrem Sammelgebiet angekommen ist und auf die Bremse tritt, schaltet sie für die Nahorientierung von Schwarz-Weiß auf Farbe zurück.

Obwohl das Genom der Honigbiene schon 2006 vollständig sequenziert wurde, sind die Sinne der Bienen noch längst nicht alle wissenschaftlich erforscht.

In den Fühlern der Biene befindet sich auch ein **Hygrometer**, damit sie exakt den Restfeuchtigkeitsgehalt des Honigs messen kann, bevor sie ihn verdeckelt. Sie kann ihre Fühler zudem als **Maßband** einsetzen, wenn es um Zellgrößen oder Bauvorhaben geht. Im Fühler sitzt auch ein **Thermometer**, lebenswichtig, damit sie nicht ausfliegt, wenn es unter 10 Grad Celsius ist, was unweigerlich ihren Tod zur Folge hätte. Die Biene besitzt einen genialen **Orientierungssinn**, so dass sie innerhalb ihres Flugradius immer nach Hause zurück findet. In ihrem Körper befindet sich zudem ein **Gleichgewichtssinn**, den sie auch als Lot bei Bautätigkeiten einsetzt und die Waben somit immer von oben nach unten baut.

All diese speziellen Sinnesleistungen können wir Menschen nur mithilfe von Elektrotechnik nutzen, die viel Strom frisst und uns nur zur Verfügung steht, wenn wir auch die richtigen Geräte dafür besitzen und damit umgehen können. Abschließendes Fazit also: 1:0 für die Bienen!

Der Duft der Bienen – Pheromone regieren ihre Welt

Bienen leben in der Welt des Duftes und der Aromen. Die Königin regiert ihr Volk mithilfe von Pheromonen: organischen Molekülen, die flüchtige oder nicht-flüchtige Duftstoffe sind. Bienen nutzen diese zur biochemischen Kommunikation.

Die Effekte der Pheromone bei den Honigbienen sind vergleichbar mit den Auswirkungen von Hormonen beim Menschen. Bienen besitzen mit das komplexeste auf diesen Botenstoffen basierende Kommunikationssystem der Natur. Pheromone werden von den Bienen an Bienen weitergegeben und so im ganzen Stock verteilt. Das Pheromon wird entweder als Flüssigkeit oder als Dampf durch Kontakt übertragen oder an die Umgebung abgegeben. Jede Biene, nicht nur die Königin, hat eigene Pheromone, die in etwa 15 verschiedenen Drüsen hergestellt werden. Auch die Larven geben unterschiedliche Pheromone ab.

MAJESTÄT REGIERT DURCH DUFTEN

DIE KÖNIGIN produziert in ihren Mandibel-, Koschevnikov-, Tergittaschen-, Tarsal- und Nasanovdrüsen Pheromone, die von den Arbeiterinnen aufgenommen und im ganzen Stock verteilt werden. Diese Pheromone enthält auch antibiotische Stoffe. Wenn das Volk im Mai sehr stark wächst, nimmt die Pheromonkonzentration ab und die Arbeiterinnen fangen an, Weiselzellen zu bauen. Ab einem Alter von drei Jahren lässt die Pheromonausschüttung bei der Königin langsam nach.

Das Pheromon der Königin ist auch das Sexualpheromon für die Drohnen, welches allerdings nur außerhalb des Stockes seine Wirkung entfalten kann. Es bildet sich erst nach und nach aus: Eine frisch geschlüpfte Königin besitzt noch kaum Pheromone. Die volle Wirkung entfaltet sie erst nach der Begattung. Daher ist es auch immer sehr schwierig oder gar unmöglich, einem

Gestatten, eure Hoheit, die Königin mit ihrem Hofstaat.

Passkontrolle am Einflug, auch beim Trachtflug wird kontrolliert.

Volk eine unbegattete Königin zuzusetzen, besonders aber während der Tracht.

AUCH ARBEITERINNEN HABEN DAS RECHT, GUT ZU RIECHEN

Die Spurbienen kennzeichnen für die Nahorientierung ergiebige Nahrungsquellen mit Pheromonen. Sammelbienen wiederum erkennen die Futterquellen mit Hilfe der Pheromone.

Die Arbeiterinnen sterzeln am Flugbrett, sie heben den Hinterleib nach oben, klappen an seinem Ende den letzten Ring nach unten und präsentieren so ihre Nasanovsche Drüse. Den Duft verteilen sie mit Flügelschlägen und weisen so für einfliegende Bienen den Weg nach Hause. Solche Pheromone sind stark flüchtig und temperaturabhängig; meist sind sie nur in zehn Zentimeter Entfernung wahrnehmbar.

Alle unsere Bienen verteilen beim Betreten und Verlassen des Stockes Pheromone, die sie in Drüsen an den Beinen produzieren, in der Tarsaldrüse. Damit werden auch Waben markiert. Dieses Fußabdruck-Pheromon ist wesentlich beständiger als beispielsweise das Alarmpheromon:

Das Alarmpheromon riecht ähnlich wie reife Bananen, die daher niemals am Stand gegessen werden sollten.

Flugbienen setzen beim Angriff ein **Alarmpheromon** aus der Mandibel-, Kiefer- und Stacheldrüse frei. Am Flugbrett versuchen die Wächterinnen, durch das Giftsterzeln Verstärkung zu rekrutieren und die Aggressivität zu steigern. Sticht eine Biene, wird auch dieser Stich mit Pheromonen markiert, der die anderen Bienen anlockt, um an der gleichen Stelle noch einmal zuzustechen (aua!). Das Alarmpheromon ist in der ersten Phase für das Giftsterzeln zuständig und eben – um Alarm zu schlagen. Hinterleib hoch, Stachel raus, Gifttropfen wird sichtbar. Erst in der zweiten Phase kommt der Angriff auf dunkle, bewegte Ziele. Dieses Pheromon hat eine hohe Flüchtigkeit, damit sich niemals das ganze Volk totsticht. Es kann in seiner Wirkung durch Rauch unterdrückt werden, den Bienen werden so quasi die Antennen vernebelt.

Das **Bruterkennungspheromon**, das Puppen und Larven absondern, hält die Arbeiterinnen davon ab, den Stock zu verlassen und stattdessen zu füttern, die Sammlerinnen wiederum, vermehrt Pollen zu sammeln, um Futtersaft daraus zu produzieren. Dieses Pheromon unterdrückt sogar die Ausbildung der Eierstöcke bei den Arbeiterinnen.

Eine gut ausgebaute Brutwabe. Hier sind es ungefähr 2.000 Brutzellen.

EINFACH MAL AUF DIE NASE VERLASSEN!

Wenn wir unsere Bienen bearbeiten möchten, öffnen wir dazu die Beute. Und genau dann bitte Augen zu und schnuppern. Wie riecht der Bienenstock? Angenehm nach warmem Wachs und Honig? Riecht er säuerlich oder nach Schimmel? In diesem Fall bitte ganz genau die Waben bei der Durchsicht betrachten. Sind die Randwaben vielleicht schimmelig? Dann bitte sofort gegen Mittelwände tauschen. Wie sehen die Brutwaben aus?

Ein geschlossenes Brutnest? Oder gibt es viele Lücken? Wie sehen die Zelldeckel aus? Sind sie eingefallen, gibt es einzelne geöffnete darunter? Bitte dann sofort den Gesundheitsobmann vom Verein dazuholen und eine Futterkranzprobe ziehen, um den Verdacht der Amerikanischen Faulbrut auszuschließen. Manchmal findet man auch tote Bienen auf den Bodengittern, die dort schimmeln, auch das kann die Ursache sein. Amerikanische Faulbrut im klinischen Ausbruch riecht nach Bitterschokolade, leicht säuerlich.

Wenn wir merkwürdige Dinge riechen, einfach mal beim nächsten Volk Vergleiche ziehen. Im Normalfall sollte ein Bienenvolk einfach nur himmlisch duften, je wärmer, desto mehr. Im Winter eher sehr dezent, aber immer angenehm und niemals eklig. Wer im Winter Urin riecht, hat vielleicht eine Maus als Untermieter im Stock.

Übrigens

Unsere Nase funktioniert am besten, wenn wir die Augen beim Riechen schließen. Bei einer Honiganalyse kann man das wunderbar ausprobieren. Man riecht vielfältiger und viel feiner. Übrigens duftet ein Bienenvolk in einer Holzbeute viel intensiver als in einer Kunststoffbeute.

Die eigenen Imker-Sinne trainieren

Um erfolgreich imkern zu können, muss der Mensch seine Sinne sensibilisieren. Hier ist Einfühlungsvermögen gefragt und gefordert, um im Bienenkosmos bestehen zu können.

WARUM SOLLTEN IMKER AUF IHRE BIENEN HÖREN?

Immer wenn ich an meinen Bienen arbeite, spitze ich die Ohren. Ich höre meinen Damen quasi die ganze Zeit zu. Bienen können nicht reden, aber sie teilen mir durch die Frequenz ihres Flügelschlages ihre Stimmung mit.

Ich rede kaum bei meinen Bienen, es sei denn ich habe einen Anfänger oder einen Kollegen bei mir. Ich stopfe mir auch keinen iPod-Hörer in die Ohren, ich höre lieber meinen Bienen zu. Wenn sie sehr entspannt um mich herumsummen, ist alles in Ordnung. Bei jedem gezogenen Rähmchen fliegen einige wenige Bienen auf; wenn dies ganz relaxed vonstatten geht, ist alles im grünem Bereich. Wenn aber die Stimmung bei den Bienen kippt, brummt und summt nichts mehr, sondern die Damen fangen an zu sirren. Im Prinzip schlagen sie einfach schneller mit den Flügeln. Das können sie sogar im Stehen, wie ein Helikopter. Und dann kann es unangenehm werden. Wir Menschen sagen: „Und dann gab ein Wort das andere." Bei den Bienen bedeutet dieses Sirren eine Vorbereitung auf einen Angriff, sie sortieren ihre Flügel schon mal in V-Stellung. Die Damen sind dann quasi genervt, von was auch immer. Vielleicht schlägt das Wetter um, oder es wurde zu viel gegen die Beuten geschlagen, Rähmchen fallengelassen, geimkert unter Zeitdruck oder man ist selbst genervt? Alles keine guten Ideen fürs Arbeiten an den Bienen. Also lieber die Beuten schließen und einen Beruhigungskaffee trinken gehen.

Wenn Sie in Ihrem Garten stehen oder wo auch immer und eine Biene sirrt Ihnen um den Kopf herum, verlassen Sie am besten diesen Platz. Diese Biene hat nur einen Auftrag, und der heißt stechen. Sie können sie durch nichts in

Extratipp

Falls Sie Ihre Beuten in Reihenaufstellung stehen haben mit mehr als vier Beuten auf dem gleichen Unterbau, gibt es beim Bearbeiten der Völker so viele Erschütterungen, dass die Bienen der letzten Beuten schon sehr pampig sein können. Hier hilft es die Beutenständer zu kürzen, so dass am besten nur zwei Beuten nebeneinander auf dem gleichen Unterbau stehen. Holz leitet Erschütterungen besonders gut. Nehmen Sie lieber Ziegelsteine zum Aufbocken und Unterlegen.

Die Bienen sterzeln mit aufgeklappter Drüse und verteilen den Stockgeruch.

der Welt von ihrer Mission abhalten. Also Beine in die Hand und weg. Irgendwann haben Sie die Grenze des Radius ihres Reviers erreicht und die Biene dreht ab. Wer hier mutig sein will, riskiert einen unnötigen Stich. Wir können nicht herausfinden, was genau das Problem der Biene war, aber wer klug ist, der geht. Das Gleiche sollten Sie übrigens auch tun, wenn Sie gestochen worden sind. Hier wurden Sie nämlich mit einem Angriffspheromon markiert. Wer bleibt, riskiert den nächsten Stich. Also schnell einen anderen Geruch auf den Stich: Gras drüber reiben, Smokern oder anderes.

IMKER MIT FEINEN NASEN GESUCHT

Nicht nur unser Hörsinn, auch unser Geruchssinn ist beim Imkern wichtig. Jedes Bienenvolk hat seinen ganz eigenen Geruch. Die Wächterinnen kontrollieren am Einflug jeden, der hinein möchte. Dazu tasten sie ihn mit den Fühlern ab. Passt der Stockgeruch, darf eine Biene rein. Wer nicht nach zu Hause riecht, bleibt draußen. Diesen Stockgeruch nehmen auch wir wahr, wenn wir die Beuten öffnen.

Ein unglaubliches Duft-Bukett strömt uns entgegen, so muss es im Himmel duften. Es riecht natürlich zu jeder Jahreszeit anders. Am meisten Aroma gibt es, wenn wir Temperaturen über 20 Grad Celsius haben. Zur Zeit der Honigernten können wir den Honigduft sogar nachts riechen, wenn die Bienen die Feuchtigkeit herausfächeln. Dann kann man sich wunderbar seitlich an die Bienenkästen hocken und einfach nur riechen und genießen.

Warum aber ist für uns das Riechen so wichtig? Wenn Bienenvölker zu feucht stehen oder aber krank sind, riechen sie komplett anders, nämlich muffig, säuerlich und unangenehm. Wenn wir beim Öffnen der Bienenbeuten keinen Wohlgeruch mehr erschnuppern, sollten unsere inneren Alarmglocken klingeln. Dann ist erst einmal eine Großinspektion vonnöten, so lange, bis wir wissen was hier los ist. Jedes einzelne Rähmchen wird dann gezogen, der Boden inspiziert, bis wir die Ursache finden.

Bienen genießen mit allen Sinnen. Das kitzelt so schön!

BIENEN BE-GREIFEN

Nicht nur Hören und Riechen ist wichtig, wenn wir gute Imker werden wollen, sondern auch und gerade das Fühlen. Jetzt heißt es Handschuhe aus. Nur Mut, die Bienen werden nicht stechen.

Zu Beginn des Bienenfühlens starten wir am besten mit der Drohnenwabe. Dort befindet sich der Bautrupp, und diese Damen haben noch keine gefüllte Giftblase, de facto können sie noch gar nicht stechen. Diese bauenden Damen können wir ganz unbesorgt auf die Hände nehmen, manchmal hängen sie hier in regelrechten kleinen Bautrupp-Trauben: Einfach Hand unterhalten und vorsichtig abstreifen.

Genießen Sie das leichte Krabbeln, spüren Sie die Bienenpelze? Lassen Sie die Bienen gern von Ihren Händen wieder auf die Wabe zurücklaufen. Wenn das gut geklappt hat, kann man die ganze flache, geöffnete Hand sehr vorsichtig auf die bienenbesetzte Wabe legen. Jetzt kann man die Flügel der

Eine Baukette mit Arbeiterinnen. Sie nutzen sich selbst als Leiter.

Wichtig!

Bienen niemals zwingen, immer offene Hände, immer mit Ruhe agieren. Und bitte niemals mit desinfizierten Händen an die Bienen gehen! Bienen hassen diese Alkoholgerüche. Sie reagieren sofort äußerst aggressiv darauf.

Bienen fühlen. Wenn es sehr warm ist – und das sollte es sein – fächeln sie. Das kitzelt sogar ein bisschen. Die Bienen werden sich nicht bedroht fühlen, wenn Sie sich langsam bewegen. Bitte immer Ohren offen halten und hören, ob die Bienen entspannt sind.

Honigräume – auch hier befinden sich die jüngeren Damen – laden ebenfalls zum Bienenkuscheln ein. Nicht geeignet für derartige Experimente sind die Einflugbereiche. Die Sammlerinnen sind die ältesten Bienen und manchmal echte Stinkstiefel. Hier kann man zwar mit der bloßen Hand Bienen abfangen, sollte das aber nur bei Tracht machen: Bienen mit gefüllter Honigblase können nicht stechen, weil sie ihren Hinterleib nicht zu krümmen vermögen.

Diese Aussage ist aber mit Vorsicht zu genießen. Also lieber Honigraum oder Drohnenrähmchen zum Kuschel-Üben nutzen. Eine andere Möglichkeit, den Bienen ganz sanft über den Pelz zu streichen, ist auf der Blüte beim Sammeln möglich. Dort hat die Biene nämlich nur eins im Sinn: Sammeln und niemals Angriff. Blüten werden nicht verteidigt. Wenn die Biene gerade beim Nektarsaugen ist, kann man ihr sehr sanft über den Körper streichen.

Was Bienen gar nicht mögen, sind Hosentaschen oder enge Kleidung, in die sie sich verirrt haben, dann schieben sie Panik und stechen. Auch Haarpracht kann zum Problem werden. Bienen verfangen sich dort mit ihrem Pelz, versuchen weiter nach unten zu klettern, um dann dort zuzustechen. Also am besten Hut mit Schleier oder Käppi aufsetzen, wenn es zu den Bienen geht.

Wenn gerade nicht viel Tracht blüht, kann man die Bienen auch anlocken. Dazu einfach ein winziges bisschen Honig auf den Finger streichen und sich in der Nähe der Beuten aufhalten. Innerhalb kürzester Zeit wird man gefunden. Es kitzelt sogar ein wenig, wenn die Bienen den Honig ablecken. Bitte wirklich nur eigenen Honig für dieses Experiment nehmen aufgrund der Gefahr durch Sporen der Amerikanischen Faulbrut.

Wer noch keinen eigenen Honig besitzt, kann es auch mit hochprozentiger Zuckerlösung versuchen. Bei der Ausbildung von Bienenpädagogen begrüßen wir so immer am Morgen die Bienen.

Bienenkuscheln ist toll! Warum aber ist es denn eigentlich sinnvoll? Wenn wir als Imker entspannt an und mit den Bienen arbeiten möchten, macht es Sinn, ohne Handschuhe zu arbeiten. Wer beim Rähmchenziehen die Handschuhe weglässt, quetscht weniger Bienen. Wir können nämlich mit den Fingern fühlen, ob auf der anderen Seite der Rähmchen Bienen sitzen. Mit Handschuhen funktioniert das nicht. Lederhandschuhe sind wahnsinnig dick, damit ist ein Bienenfühlen unmöglich. Man greift mit ihnen das Rähmchen irgendwie, quetscht eine Menge Bienen platt, ohne davon auch ansatzweise etwas mitzubekommen.

Wenn ich ohne Handschuhe arbeite, muss ich aufpassen, dass ich dabei keine Biene verletze, damit ich nicht gestochen werde, so einfach ist das. Wer ohne Handschuhe arbeitet, tut dies ruhig und besonnen. Immer erst schauen, dann Rähmchen lösen, die letzten neugierigen Damen zur Seite schieben und dann das Rähmchen herausziehen. Wer das übt, wird bald sicherer und kann wunderbar stress- und stichfrei imkern. Die einzige Gelegenheit, bei der Handschuh-Pflicht gilt, sind die Honigernten, zumindest die Sommerhonigernte. Dort wird es gerne mal hektisch, wenn zu viele Imker ihren Standplatz in unmittelbarer Nähe des eigenen haben. Dann gelten andere Gesetze (weitere Informationen dazu auf Seite 89).

Wichtig!

Grundsätzlich bitte bei diesem ersten Kennenlernen immer sehr ruhig agieren. Keine hektischen Bewegungen, Finger immer lang ausstrecken, damit keine Biene dazwischen gerät, und hinterher die Handflächen wenden und schauen, ob dort noch Bienen sitzen.

Flugloch-Beobachtungen: Druckfrische Nachrichten vom Bienenvolk

Wer wirklich wissen möchte, wie es seinen Bienen geht, sollte nicht ständig alle Rähmchen herausreißen, sondern lieber mal eine halbe Stunde (mit einer schönen Tasse Kaffee in der Hand) das Flugloch beobachten.

Durch das Beobachten des Flugloches lassen sich wunderbare Rückschlüsse auf die Gesundheit, die Größe des Bienenvolkes und vieles mehr ziehen. Auch das sollte und muss trainiert werden. Wir brauchen Zeit und Ruhe dazu und am besten einen Stift und ein Notizbuch: sinnvoll, wenn wir mehr als ein Volk beobachten möchten, um Vergleiche ziehen zu können.

Bevor die Beuten geöffnet werden, bitte die Fluglöcher beobachten.

FLUGBETRIEB: STARKER FERIENVERKEHR ODER SCHWACHE NEBENSAISON?

Am Anfang schauen wir erst einmal, wie der Flugbetrieb aussieht. Ist er stark oder schwach? Fliegen die Bienen pfeilschnell heraus oder trödeln sie eher herum? Wie sieht es auf den anderen Einflügen aus? Wenn die Bienen extrem schnell und in großen Mengen heraus- und auch wieder hineingeflogen kommen, blühen viele Blüten, die große Mengen Nektar im Angebot haben. Wer mit Handy am Stand sitzt, sollte mal im Slow-Motion-Modus filmen. Die Bienen krachen beim An-und Abflug sogar zusammen. Ich hatte früher immer gedacht, dass die Bienen so genial navigieren, dass es niemals zu Unfällen kommt. Denkste Puppe, es gibt eine ganze Menge Flugunfäl-

Vor dem Reinigungsflug bitte unbedingt die Mäusegitter entfernen.

le, weil einfach zu viele Bienen gleichzeitig ein- und ausfliegen und tatsächlich kollidieren. Eine Helmpflicht wäre hier sicherlich von Vorteil. Offensichtlich scheinen Bienen aber einen ziemlich harten Schädel zu haben. Die verunfallten Bienen drehen sich einfach wieder in Startposition und fliegen nochmals los.

Wer Vergleiche mit anderen Völkern ziehen kann und feststellt, dass ein anderes Volk wesentlich schwächer fliegt, kann davon ausgehen, dass die Bienen andere Trachten anfliegen oder dass das Volk wesentlich kleiner ist. Dies können wir bei der nächsten Durchsicht nachprüfen.

Jede Blüte führt zu unterschiedlichen Zeiten Nektar und produziert diesen nach. Bienen sind in der Lage, sich bis zu vier verschiedene Nektarzeiten zu merken. Das heißt, wenn der Nektar der einen Blütenart versiegt ist, warten die Bienen einfach ab bis die andere Blütenart wieder Nektar im Angebot hat. Dadurch können wir mal starken Bienenflug am Einflug und mal absolute Flaute dort beobachten. Daher nicht gleich Sorgen machen, wenn die Bienen nicht fliegen. Einfach abwarten und beobachten.

WER ZUERST KOMMT …

Wir können am Einflug verschiedene Arten von starken Bienenflügen beobachten. Wie oben bereits beschrieben, kann starker Bienenflug Tracht, also viel Nektar, bedeuten. Dann summt es überall, macht aber einen noch einigermaßen sortierten Eindruck. Wenn die Bienen jedoch auf einmal pfeilschnell angedüst kommen und wie die Starfighter direkt in den Einflug reinbrettern, sollten Sie schon mal einen Regenschirm holen. Bienen sind hervorragende Wetterpropheten bezüglich Regenvoraussagen. Wenn es von jetzt auf gleich zu extrem starken Bienenflügen kommt, wird es nicht mehr lange dauern, bevor der erste Regentropfen fällt. Da die Bienen sich maximal zwei bis drei Kilometer von zu Hause entfernt befinden und sie mit einer Reisegeschwindigkeit von 25 Sachen unterwegs sind, kann man sich ausrechnen, wann die letzte Biene daheim eintreffen wird. Danach ist schlagartig Ruhe im Karton. Keiner fliegt mehr raus, eine gespenstische Ruhe breitet sich aus. Fliegen bei Regen ist für Bienen lebensgefährlich, denn da sie so klein sind, könnten sie von den Regentropfen erschlagen werden.

LÄRM AM EINFLUG: WENN DIE HERREN STARTEN …

Verschiedene Ursachen können für den Lärm verantwortlich sein, entweder starker Trachtflug, Räuberei, oder die Drohnen machen sich auf zu ihren Begattungsplätzen. Wenn sich mittags bei Sonnenschein und Temperaturen von mindestens 20 Grad Celsius die Drohnen auf den Weg zur Arbeit machen, hört man das auch noch in einigen Metern Entfernung. Die Herren sind große, kräftige und schnelle Flieger. Wenn sie ihre Motoren anschmeißen, dann summt und dröhnt es.

Das ist übrigens nicht nur bei den Honigbienen der Fall, auch die Hummel-, Wespen- und Hornissendrohnen sind viel lauter als ihre weiblichen Kolleginnen unterwegs. Gründe dafür sind ihre viel höhere Körpermasse und die größeren Flügel. Die Herren können übrigens auch nicht sirren, das schaffen nur die Damen, wenn sie angriffslustig werden. Drohnen sind halt einfach nur tiefenentspannt.

RÄUBEREI: ÜBERFALL OHNE GEISELNAHME

Hier beobachten wir ebenfalls starken Bienenflug, allerdings sind die Bienen hier nicht in friedlicher Mission unterwegs. Die Bienen sind aggressiv, das ganze sieht eher aus wie eine Horde prügelnder Halbstarker und hört sich auch genau so an. Das beräuberte Volk hat meist ein viel zu großes Einflugloch im Verhältnis zu seiner Volksstärke oder ist erkrankt und schwach. Solche Völker werden von anderen Bienen- und Wespenvölkern ausgespäht. Wenn fremde Bienen ohne Probleme dort hineinkommen, kommen sie mit Verstärkung wieder und machen mit dem Volk kurzen Prozess. Die fremden Bienen dringen ein, überfallen die Wachen und töten diese. Hier kommt der Stachel zum Einsatz. Danach reißen die Räuber alle Honigzellen auf und zocken den Honig,

Extratipp

Wer am Stand eine beginnende Räuberei beobachtet, sollte zusätzlich vorsorglich bei sämtlichen Völkern sofort das Einflugloch stark verkleinern, damit alle Völker sich besser verteidigen können.

die Königin wird getötet und auch der Brut geht es an den Kragen. Der ganze Spuk dauert meist nicht länger als ein paar Stunden. Danach kann man nur noch aufräumen. Vor dem Einflugloch liegen viele tote und auch verstümmelte Bienen.

Danach bleibt uns nur das Aufräumen, alles abkratzen und abflammen. Eine begonnene Räuberei kann man nicht aufhalten, es sei denn, man steht zu Beginn direkt daneben. Manch ein Imker versucht mit angestellten Glasplatten oder einem Wasserschlauch Rettungsaktionen durchzuführen, doch ist eine Räuberei erst einmal in Gange, kann man das beräuberte Volk in der Regel nicht mehr retten. Der einzig funktionierende Trick: Das Volk schnell schließen, aus dem Flugradius entfernen und sofort abwandern, mindestens vier Kilometer weit wegbringen. Dort wieder öffnen und sofort das Flugloch stark verkleinern.

Es räubern übrigens nicht nur die Kollegen, sprich andere Bienenvölker, sondern auch Wespen und Hornissen. Wer selbst zu klein ist und wem der Imker auch noch ein zu großes Einflugloch spendiert hat, der spielt mit seinem Leben und bezahlt nicht selten mit dem Tod. Aber eigentlich ist immer der Imker schuld: Hätte er bloß besser aufgepasst.

PASSKONTROLLE: WER DARF REIN, WER NICHT?

Wenn wir mit der Nase ein bisschen näher an das Einflugloch herangehen, können wir die Wächterinnen bei ihrer Arbeit beobachten. Sie kontrollieren jeden, der hinein möchte, und bestimmen anhand des Geruches wer reindarf. Bienen, die aus anderen Völkern kommen, haben einen anderen Stockgeruch. Die Wächterinnen beschnuppern daher die Heimkommenden mit ihren Fühlern. Wenn jemand anders riecht, wird er herausgedrängt. Erst nett, dann bestimmter. Wespen, Hummeln, Hornissen lösen Alarm aus. Diese werden aber meist

Am Einflug wird jede Biene kontrolliert, ob sie den richtigen Geruch mitbringt.

nicht abgestochen, sondern von den Wächterinnen in den Schwitzkasten genommen. Die Bienen aktivieren dazu ihre Flugmuskulatur. Durch die Reibung entstehen so hohe Temperaturen, das die Eindringlinge tatsächlich gargekocht werden. Eine geniale Kriegsführung, ganz ohne Einsatz des Stachels. Man nennt diese Technik auch thermo-balling. Funktioniert aber nur, weil die Bienen höhere Temperaturen als Wespen und Hornissen vertragen.

Grundsätzlich können wir bei Eindringlingen immer kleine Knäuel-Bildungen erkennen, drumherum aufgeregte Wächterinnen.

Wenn die Völker größenmäßig angepasste Einfluglöcher haben, braucht man sich auch keine Sorgen um Räubereien zu machen. Große Völker können große Fluglöcher verteidigen, kleine Völker dagegen nur sehr kleine. Räubereien sind immer Fehler seitens der Imker, niemals die der Wespen oder fremden Bienen. Diese haben einfach nur Missstände aufgespürt. Würden Ihre Bienen bei anderen Völkern übrigens nicht anders machen. Im Insektenreich gilt immer noch: Fressen oder gefressen werden.

RÜCKWÄRTSFLIEGER VERSUS DURCHSTARTER

Jetzt schauen wir uns einmal die Flugrichtungen an, also wie die Bienen vom Einflug starten. Besonders interessant ist dies, wenn die Bienen einige Tage aufgrund von schlechtem und kühlem Wetter nicht geflogen sind. Auf einmal sieht man Bienen, die aus dem Einflug krabbeln und sich vor dem Start umdrehen. Jetzt fliegen sie mit dem Kopf zum Einflug erst auf und ab, um dann größere Bahnen zu drehen, immer mit dem Kopf zur Beute. Inspektionsflüge? Die Bienen prägen sich ihr Zuhause ein. In der flugfreien Zeit sind diverse neue Bienen geschlüpft, die noch nicht wissen, wo sie wohnen. Und bevor sie nach drei Wochen zur Sammlerin werden, fliegen sie sich auf ihren Standort ein. Das ist auch der Grund, warum man eine Bienenbeute nicht einfach um zwei Meter verrücken darf. Alle Flugbienen haben sich exakt auf ihren Standort eingeflogen. Wird jetzt die Beute verstellt, sehen die Bienen den neuen Platz noch nicht einmal. Sie würden einfach an der alten Stelle landen, sich wundern, um dann an Ort und Stelle zu versterben. Beuten verstellen daher bitte nur in der kalten Jahreszeit, wenn mehr als drei Wochen kein Bienenflug stattfand, weil die Temperaturen unter zehn Grad Celsius lagen.

SCHMUTZIGER EINFLUGBEREICH: WER HAT HIER GEKLECKERT?

Wer die Einfluglöcher und Anflugbretter regelmäßig beobachtet, kann – ohne die Beuten zu öffnen – Aussagen über die Volksgesundheit machen. Besonders im Frühjahr sind die Anflugbretter gern einmal vollgekleckert. An sich nicht schlimm, beim Reinigungsflug kann das in der Hektik schon mal vorkommen.

Die Bienen haben dann bis zu diesem Zeitpunkt ihre Kotblasen bis fast zum Zerbersten mit Kot gefüllt; ist es dann endlich über zehn Grad Celsius warm, flitzen die Bienen aus den Beuten und erleichtern sich, sie koten ab. Im Eifer des Gefechtes kann dann schon mal der Einflug bekleckert werden. Das ist

Beim Reinigungsflug wird gekleckert was das Zeug hält.

alles im grünen Bereich. Nicht in Ordnung sind total bekotete Einflüge, wer dichter dort mit der Nase herangeht, riecht Säuerliches. Diese Völker sollten umgehend geöffnet werden, sobald es die Temperaturen erlauben. Vermutlich haben die Bienen Durchfall. Ob es sich jetzt um Nosema oder Ruhr handelt, ist erst einmal egal. Wichtig hier: Beschmutzte und vollgekleckerte Waben im Inneren müssen entfernt werden, bevor die Bienen alles selbst wegputzen. Denn was weg ist, landet im Bienenmagen und dann im Futter bei den Maden. Ein Teufelskreis.

Hier kann man auch gleich die Völker von zwei Zargen auf eine Zarge runtersetzen. Sie müssen warm sitzen, damit sie sich erholen können, falls es noch möglich ist. Wir packen uns ja schließlich bei Magenbeschwerden auch die gute alte Wärmflasche auf den Bauch. Kleine Völker sind nicht in der Lage, große Beuten zu wärmen, so einfach ist das.

FRIEDHOF IM EINGANGSBEREICH – ZU HILFE?

Das wiederum ist gar kein Problem. Viele tote Bienen im Einflug oder direkt auf dem Boden sind im zeitigen Frühjahr nach dem Reinigungsflug ein sehr gutes Zeichen. Gesunde Völker räumen nämlich auf. Es ist dann das erste Mal, dass sie aus der Wintertraube können. Und die Bienen sammeln sofort alle im Winter gestorbenen Kolleginnen auf und schmeißen sie raus. Das sieht mitunter gruselig aus, besonders dann, wenn man den Reinigungsflug nicht mitbekommen hat und nur das Endergebnis sieht. Bitte die Völker jetzt noch nicht öffnen, warten Sie lieber, bis die Temperaturen bis auf mindestens zwölf bis 15 Grad Celsius klettern, die empfindliche Brut könnte sonst verkühlen. Falls sich allerdings mitten im Sommer die toten Bienen auf dem Boden vor dem Einflug stapeln, ist etwas faul im Staate Dänemark. Dann könnte es sich um einen Vergiftungsfall handeln. Wenn Bienen Blüten befliegen, die gerade gespritzt worden sind, und die Spritzung aus mehreren Chemikalien gemischt wurde, kann dies tatsächlich zu Vergiftungen führen. Dann muss bei Verdacht sofort die Polizei gerufen und in deren Anwesenheit Proben von Bienen und

Blüten genommen werden, um diese im Labor testen zu lassen. Das ist ein Bild des Jammers. Die Völker versuchen sich dann noch einmal selbst zu retten, indem sie neue Flugbienen rekrutieren, um ihr Volk vor dem Verhungern zu schützen. Geht aber meist in die Hose, da auch die neuen Sammlerinnen die Felder, auf denen gespritzt wurden, anfliegen.

Nach dem Reinigungsflug räumen gesunde Völker auf und werfen die Toten raus.

ACHTUNG SCHWERTRANSPORT: DIE POLLEN KOMMEN

Sobald die Krokusse und Salweiden anfangen zu blühen, sind die ersten Pollensammlerinnen unterwegs. Sie sammeln das dringend benötigte pflanzliche Eiweiß, die Blütenpollen. Spannend zu beobachten, wie die schwerbepackten Damen zu Hause eintrudeln. Teilweise sind sie so schwer, das sie direkt vor dem Einflug auf den Boden plumpsen. Einige der Damen verlieren ihre kostbare Fracht auch direkt auf dem Anflugbrett, weil sie angerempelt wurden oder weil der verpeilte Imker die Mäusegitter noch nicht entfernt hat. Diese Pollenpakete sind verloren, die Bienen sind nicht in der Lage, sie wieder aufzusammeln. Ewig schade drum, aber Schnecken sammeln sie gern nachts ein.

Die Pollensammlerinnen bringen die Pollenpakete selbst in die dafür vorgesehenen Lagerzellen. Dort streifen sie sie ab und stampfen sie mit dem Kopf in die Zelle, echte Kopfarbeit. Wenn der Pollenbedarf des Volkes gedeckt ist, bringt plötzlich keine einzige Biene mehr Pollen nach Hause. Imker, die sich gut mit Pflanzen auskennen, können anhand der Pollenhöschen genau erkennen, wo die Biene gesammelt hat. Es ist total spannend, die Einflüge zu beobachten und zu zählen, wie viele verschiedene Farben an Pollen gesammelt worden sind. Pollen gibt es von hell bis dunkel in allen Farben, sogar blau! Nicht sofort verfütterter Pollen wird zu Bienenbrot oder Perga verarbeitet. Dieser Pollen wird mit Sekreten der Mandibeldrüsen und ein wenig Honig vermischt. Das Ergebnis ist so ähnlich wie Sauerkraut, das eingemacht wurde und somit sehr lange haltbar ist. So angesäuert, hält sich der Pollen durch den ganzen Winter frisch, um im Frühjahr dann zur Aufzucht der neuen Bienen genutzt zu werden. Bienenbrot ist nicht mehr ganz so bunt, glänzt aber ein wenig auf der Zelloberfläche. Für uns Menschen ist dieses Bienenbrot übrigens viel leichter verdaulich als Frischpollen, da der Pollen hier schon aufgespalten ist.

Übrigens

Wenn eine Biene ein Pollenpaket verliert, streift sie blitzschnell das andere Paket auch ab, um nicht beim Fliegen abzustürzen. Diese „Höschen" sind stets bis auf ein Mikrogramm rechts und links exakt gleich schwer, keine Ahnung, wie die Bienen das hinbekommen.

Eine Bienen mit Pollenhöschen an der Blutjohannisbeere.

Pollen, Superfood der Bienen

Pollen sind die männlichen Keimzellen von Blüten und Samenpflanzen. Sie entstehen in den Staubgefäßen der Blüten. Wenn Pollen auf den Griffel einer Pflanze gelangt, wird die Blüte befruchtet.

Dazu öffnen sich kleine Spalten des Pollenkorns, auch Keimöffnung genannt, und ein Pollenschlauch schiebt sich heraus. Pollenkörner sind winzig klein, nur zehn bis 100 Mikrometer. In ein Reiskorn passen drei bis fünf Millionen Pollenkörner. Pollen kommt vom lateinischen pollen, was sehr feines Mehl oder Mehlstaub bedeutet. Pollenkörner können ganz unterschiedliche Formen, Größen, Farben und Oberflächenstrukturen haben. Ihre Außenhaut ist sehr widerstandsfähig und gibt Auskunft über die Pflanzengattungen und -arten, von denen sie stammen.

EINMALIGER FINGERABDRUCK DER PFLANZEN: POLLEN

Bei der Honiganalyse werden die Pollen analysiert. So kann man feststellen, an welchen Pflanzen die Bienen Nektar gesammelt haben. Dazu braucht man ein Mikroskop mit einer mindestens 400-fachen Vergrößerung. Pollen haben unterschiedliche Farben. Es gibt weiße, gelbe, grüne, rote, blaue und sogar schwarze. Auch anhand der Höschenfarbe der Honigbienen kann der Imker erkennen, an welchen Blüten seine Bienen gesammelt haben. Es gibt Pflanzen, die sehr viel, und andere, die gar keinen Pollen besitzen.

Mehr Pollen am Pelz geht nicht! Fast zu schwer zum Fliegen.

OHNE POLLEN KEINE BIENEN – UND UMGEKEHRT

Pollen haben unterschiedliche Qualitäten und Nährwerte. Bienen sind Vegetarier, sie besorgen sich ihr dringend benötigtes Eiweiß bei den Blüten. Dazu sammeln sie den Blütenstaub, vermengen ihn mit Honig und Wasser und machen daraus Futterteig für ihren Nachwuchs. Pollen ist statisch aufgeladen, so dass er gut am Fellkleid der Biene haftet. Damit er anschließend nicht herausfällt, hat der Pollen an seiner Außenhaut eine Art Klebstoff, den Pollenkitt. Bienen nutzen den Pollen für ihre Ernährung, zur Aufzucht ihrer Brut oder zum Bevorraten. Er ist Powerfutter und lebenswichtige Eiweißnahrung für allen Bienennachwuchs, enthält unter anderem Kohlenhydrate, Fette, Eiweiß, Aminosäuren, Vitamine, Spurenelemente, Mineralstoffe, Inhibine (keimhemmende Wirkstoffe) – ein unschlagbar gutes Nahrungsmittel für Bienen.

Honigbienen und Hummeln sammeln Pollen, indem sie ihn mit ihrem Fell von den Staubgefäßen in einer Blüte abnehmen; er bleibt in ihrem Pelz hängen. Danach bürsten die Bienen den Pollen mit den Beinen zum Hinterbein. Dort befindet sich das Körbchen, eine stark behaarte Platte, an der die Biene das Pollenpaket mit Hilfe eines Tröpfchen Nektars befestigt. Dieses Pollenpaket steht für die Blütenbestäubung nicht mehr zur Verfügung, da es von der Biene schon bearbeitet wurde. Nur der Pollen, der sich noch im Haarkleid der Biene befindet, kann die nächste Blüte, die die Biene anfliegt, bestäuben.

WILDBIENEN, DIE POLLENSPEZIALISTEN

Einige der Wildbienenarten haben auch andere Sammelorgane. Sie nutzen je nach Art nicht nur die Hinterbeine zum Pollensammeln, sondern verschlucken den Pollen in ihrem Kropf oder nutzen die stark behaarte Hinterleibsunterseite, die sogenannte Bauchbürste. Sie robben beim Blütenbesuch sozusagen über die Staubgefäße, wobei der Pollen an der Bauchbürste hängen bleibt. Diese Wildbienen bearbeiten den Pollen beim Sammeln nicht mit Nektar, daher fällt beim nächsten Blütenbesuch einiges von dem Pollen herunter und bestäubt so die Blüte. Wildbienen, z. B. die Mauerbienen, sind hervorragende Bestäuber. Sie brauchen den Pollen zur Bevorratung ihrer Brutzellen. Je Brutzelle benötigen sie Pollen von vielen Hundert Blüten. Sie streifen den Pollen in der Niströhre ab, vermischen ihn mit Nektar und stampfen ihn zusammen.

Honigbienen haben die Besonderheit, blütenstet zu sein. Das bedeutet, dass sie sich auf eine einzige Art Blüte zur Zeit konzentrieren und diese erst komplett abernten, bevor sie zum Sammeln an einen anderen Ort fliegen. Honigbienen sammeln demnach artenreinen Pollen, im Gegensatz zu den Hummeln und vielen anderen Wildbienen: Hummeln sammeln Mischpollen, alles, was sie kriegen können, und das egal in welcher Reihenfolge.

Einige der Wildbienen sind Pollenspezialisten, denn sie sammeln Pollen nur an einer einzigen Blütenart. Finden sie diese Blüte nicht in ihrem Flugradius, können sie keine Brut bevorraten und verhungern.

Eine Wabe mit Perga, dem Bienenbrot, fermentierte Pollen.

BACKE BACKE KUCHEN: JETZT WIRD BIENENBROT GEMACHT

Die Honigbiene bringt den gesammelten Pollen nach Hause und lagert ihn dort in den Pollenzellen ab. Sie streift ihn ab und schiebt ihn mit dem Kopf in die Zelle hinein. Wenn sie ihn nicht gleich verfüttert, vermischt sie ihn mit Enzymen, Honig und Nektar, und macht Bienenbrot daraus. Auch dieses lagert sie in den Zellen. Der Pollen wird fermentiert und dadurch haltbar gemacht. So dient er als Vorrat für schlechtes Wetter oder die Winterzeit, Bedingungen, die das Sammeln unmöglich machen.

Fermentierter Pollen ist gut verdaulich. Honigbienen, die ab August schlüpfen, sogenannte Winterbienen, fressen sehr viel Pollen, um sich einen Winterspeck anzufuttern. Winterbienen leben im Gegensatz zu den kurzlebigen Sommerbienen fast ein halbes Jahr, den ganzen Winter durch.

GESUNDE ERNÄHRUNG AUCH FÜR MENSCHEN

Auch der Mensch kann Pollen als Nahrungsmittelergänzung nutzen. Dass Pollen eine Energiebombe sind, wussten sogar schon die alten Ägypter; sie nutzten ihn auf ihren Schiffsreisen zur Vorbeugung von Skorbut sowie zur Behandlung anderer Krankheiten. Frischer Pollen schimmelt sehr schnell.

Fermentierter Pollen kann ins Müsli gestreut oder sogar pur gegessen werden.

Viele Menschen sind Pollenallergiker, sie reagieren mit Niesen, tränenden Augen oder Asthma. Die hochallergenen Pollen stammen fast immer von Windblütlern, Haselnuss, Birken und Gräser sind die Hauptverursacher. Deren Pollen sind sehr klein und haben eine Art Luftsack, der sie zu perfekten Langstreckenfliegern macht. Pollen von Windblütlern können mehrere Kilometer weit fliegen und werden vom Wind auch in die höheren Luftschichten getragen, bis in 1000 Meter Höhe.

Extratipp

Wer unter Heuschnupfen leidet, kann regelmäßig Honig aus der eigenen Region essen, um sich zu immunisieren. Mit jedem Löffel Honig nimmt man winzige Mengen Pollen zu sich und gewöhnt seinen Körper so nach und nach daran. Am besten sollte man damit im Herbst vor der neuen Heuschnupfen-Saison beginnen. Bevor Sie sich daran versuchen, konsultieren Sie jedoch bitte Ihren Arzt und lassen sich beraten.

Wenn es zu heiß im Stock ist, hängen sich die Bienen davor.

WER WEDELT HIER? DIE HAUSEIGENE KLIMAANLAGE

Wenn es im Sommer sehr heiß ist oder der erste Honig eingetragen wurde, können wir am Abend im Einflugbereich der Beuten Bienen sehen, die auf dem Flugbrett mit dem Kopf zur Beute stehen. Sie schlagen mit den Flügeln, ohne abzuheben, quasi im Leerlauf. Diese Damen kühlen die Beute und zirkulieren die warme, feuchte Luft aus der Beute hinaus. Zuvor am Tag waren die Bienen stundenlang damit beschäftigt, einige Liter Wasser in die Beute zu tragen und dieses auf die Zellen aufzustreichen.

Im Anschluss daran haben sich die Bienen dann daneben gesetzt und ihre Flügel angeschmissen, um so die heiße Luft aus dem Stock herauszubekommen. Begonnen mit der Kühlung wird schon bei Innentemperaturen von über 36 Grad Celsius, weil sonst die Brut Schaden nehmen würde. Hält man dann die Hand vors Flugloch, spürt man die warme Luft. Das riecht übrigens ganz wunderbar. Es ist auch für Bienenverhältnisse ganz schön laut, bis in die tiefe Nacht hinein.

Wenn wir lange Zeit an den offenen Völkern Waben gezogen haben, können wir danach ebenfalls Bienen am Einflug beobachten, die ventilieren. Diese aber recken dabei ihren Hinterleib in die Höhe und klappen das letzte Hinter-

Diese Bienen im Schwarmfangkasten kühlen sich, indem sie die warme Luft herausfächeln.

leibssegment nach unten. Eine Drüse kommt zum Vorschein. Diese Bienen verteilen den Stockduft nach draußen, damit die einfliegenden Bienen wissen, wo sie wohnen. Wenn wir Durchsichten machen, fliegen auch immer Bienen ab, die sich noch nicht eingeflogen haben, und so bekommen sie Hilfestellung von den älteren Damen, um wieder nach Hause zu finden. Das gleiche Phänomen können wir bei Schwärmen beobachten, die in eine neue Beute einziehen: Auch dort wird fleißig am Einflug „gesterzelt".

SOMMERZEIT, HITZEFREI: HEUT WIRD DRAUSSEN ÜBERNACHTET

Im Sommer, während einer Hitzewelle, kommen die Bienen in den Nachmittagsstunden mit dem Kühlen nicht mehr nach. Dann wandern die ersten Bienen nach draußen und hängen sich als Traube vor das Einflugloch. Manch ein Imker erschrickt und denkt, das Volk wolle schwärmen.

Wenn es zu warm im Stock wird, bringen Sammlerinnen Wasser nach Hause und streichen es auf die Waben. Dann setzen sie sich davor und wedeln mit ihren Flügeln. Dadurch werden die Waben gekühlt. Wenn es noch wärmer wird, verlassen viele Bienen den Stock, um so das Kühlen zu unterstützen. Auch hier reagiert jedes Volk anders, bei dem einen hängt nur eine Handvoll Bienen draußen, nebenan das halbe Volk. Diese Bienen sind sehr entspannt und nicht auf Krawall frisiert. Sie bleiben dort so lange, bis die Außentemperaturen endlich wieder sinken. Ich gehe gerne im Sommer am Abend nochmal meine Bienen besuchen und staune immer wieder über diese „Bienenbärte", die dort im Einflug hängen.

KEIN FLUGBETRIEB: SOS?

Es gibt mehrere Situationen im Bienenleben, in denen es sich einfach nicht lohnt vor die Tür zu gehen. In erster Linie sicherlich, wenn die Temperatur weniger als zehn Grad Celsius beträgt. Dann wäre es für die Bienen lebensgefährlich nach draußen zu fliegen, sie würden verklammen und abstürzen. Anders als bei den Hummeln, die schon ab drei Grad Celsius unterwegs sind, ist der Pelz der Bienen einfach nicht warm genug für Winterausflüge. Aber auch im Sommer gibt es an und ab keinen Flugbetrieb. Wenn die Sonne scheint und alle bleiben trotzdem zu Hause, wird es innerhalb der nächsten halben Stunde vermutlich anfangen zu regnen.

Auch wenn die Pflanzen bei hohen Temperaturen die Nektarproduktion einstellen, ist keine Biene unterwegs. In solchen Situationen würde ich mich wieder einen Moment lang seitlich an die Beuten stellen und alle Völker beobachten. Sollte keines fliegen, wird vermutlich alles ok sein, falls dagegen nur eines den Flugbetrieb eingestellt hat und alle anderen völlig normal stark fliegen, dann ist es Zeit den Stockmeißel zu holen und dem Ganzen auf den Grund zu gehen. Auch wenn Bienen im Herbst völlig normal fliegen, man dann 14 Tage nicht guckt und danach ein Volk gar nicht fliegt, sollte man lieber nachschauen. Es könnte in der Zwischenzeit leider überfallen worden sein.

Gemülldiagnose: Spuren lesen und auswerten

Auch anhand des sogenannten Bodenfalls kann man Rückschlüsse auf den Volkszustand ziehen. Wer regelmäßig kontrolliert, was die Bienen so fallen lassen, ist prima informiert.

ARTENREICHTUM IM UNTERGESCHOSS

Bei der Gemüllkontrolle bitte immer einen Imkerhut aufsetzen. Wer sich von hinten an die Bienen heranpirscht, wird als Feind erkannt und attackiert. Bienen mögen keinen, der den Hintereingang nutzt, könnte ja schließlich ein Bär sein. Bevor der Boden von hinten geöffnet wird, ein wenig Rauch hineinpusten, damit die Bienen nach oben krabbeln. Dann lässt sich das Diagnosebrett oder die Windel gefahrlos ziehen.

Dieses Brett sollte immer nur für ein paar Tage eingelegt werden, weil es den Boden abdichtet und somit die Bodenlüftung verschließt. Anschließend kann man es mit nach drinnen nehmen, um es dort unter einer hellen Lichtquelle und mithilfe einer Lupe zu kontrollieren. Wenn es arg windig ist, gut abdecken, sonst weht alles weg.

Was können wir alles finden und betrachten?

Bodenkontrolle mit Hilfe der Windel, einem eingeschobenen Brett.

Hier der Bienenfeind Nr. 1, die Varroamilben.

Wer ganze Zelldeckel findet, der weiß, da sind Drohnen geschlüpft.

Varroen, der leidige Befall

Zunächst einmal die Varroen. Es gibt einen natürlichen Totenfall, auch bei Varroen. Also ist die Wahrscheinlichkeit sehr hoch, die eine oder andere Varroamilbe auf dem Brett zu finden. Im Zweifelsfall die Lupe zuhilfe nehmen.

Dunkle Krümel: Zelldeckel

Das sind zerschredderte Deckel, die beim Schlupf der Arbeiterinnen auf dem Boden landen. Finden Sie also dieses Schreddergut, wissen Sie, dass oben Bienen geschlüpft sind.

Komplette, intakte Zelldeckel

Sie stammen immer von schlüpfenden Drohnen, nie von den Arbeiterinnen. Vorsicht bei zu vielen Deckeln, ist das Volk vielleicht drohnenbrütig?

Propolis

Dunkle Tropfen oder Bröckchen in unterschiedlichen Formen und Größen sind Propolisstücke. Bienen nagen ständig an Propolis herum, um sie woanders neu aufzutragen. Propolis ist die Hausapotheke der Bienen. Manche Völker sammeln extrem viel davon, andere wenig.

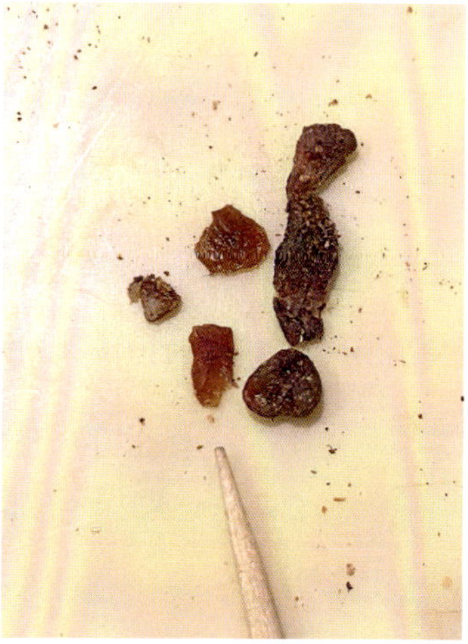

Die Bienenhausapotheke funktioniert mit Hilfe von Propolis.

Frisch ausgeschwitzte Wachsspiegel, auch Wachsschuppen genannt.

Heruntergefallene Pollenhöschen, da ist einer Biene die Ladung abgefallen.

Wachsschuppen

Frisch ausgeschwitzte Wachsschuppen sehen aus wie Miniatur-Fingernägel; sie sind kleiner als ein Stecknadelkopf, durchsichtig und glänzen. Bienen, die bauen, sind gesund, und Schwund ist überall – wo gehobelt wird, fallen Späne. Also auch die ein oder andere Wachsschuppe.

Schlaraffenland für Ohrenkneifer. Hier gibt's genug zu fressen.

Pollen

Wir finden häufig Pollen in allen Farben und Größen. Pollen deutet auf Brut hin, somit haben wir eine legende Königin im Volk.

Bienenteile

Ab und an liegen auch Bienenteile auf den Brettern. Wer im Winter extrem viele davon findet, sollte sich Gedanken machen, ob sich vielleicht eine Maus im Volk befindet. Mäusegitter vergessen?

Andere Insekten

Außerdem sind hier oft Ohrenkneifer, Pollenmilben, Wachsmottenlarven, Ameisen und andere Insekten zu finden. Bodenbretter sind Schlaraffenländer. Wenn die Bienenvölker groß genug sind, haben sie meist keine

Ameisen sind meist ungebetene Gäste im Bienenstock.

Probleme mit ihren Kellerbewohnern. Schwierig wird es erst, wenn die Kellerbesatzung überhandnimmt. Wer geschlossene Böden hat, kann sogar ein Mikroklima aufbauen – wie im natürlichen Habitat der Bienen, dem hohlen Baum.

Nachwuchs der Bücherskorpione. Winzige Kerlchen!

Bücherskorpione

Mit Glück hat man diese Ritzenbewohner bei sich zu Gast. In Magazinbeuten mit den modernen Hochböden sind sie nie zu finden, da diese Böden ein Lüftungsgitter haben, die Bücherskorpione würden aus der Beute herausfallen. Wer mit Körben, Einraum- oder Klotzbeuten imkert, findet sie häufiger. Die kleinen possierlichen Kerlchen sind Lichtflüchter. Man muss schon genau hingucken, um sie zu entdecken. Sie sind winzig und flink und ernähren sich von Mikroinsekten wie z. B. Springschwänzen. Wenn ihnen eine Varroa begegnet, sind sie auch nicht abgeneigt. Pro Tag können sie mehrere davon aussaugen. Wer jetzt aber meint, sie könnten den Varroabefall eindämmen, der ist auf dem Holzweg: Die Bücherskorpione sind nur an dem Kellerbüffet interessiert und an dem, was auf den Boden fällt. Die Bienen sind ihnen viel zu schnell und hektisch, daher sind sie nicht in der Lage, ihnen die Varroen vom Pelz zu pulen.

Eine lebensmüde Hummel wollte Honig stehlen. Jetzt ist sie einbalsamiert.

Hummeln

Ab und an schaffen es sogar einzelne Hummeln in die Bienenvölker. In der Regel werden sie gargekocht und dann rasiert, um sie anschließend mit Propolis zu lackieren.

So versorgt, können sie dann keinen Schaden im Volk mehr anrichten. Hummeln sind so groß, dass sie nicht mehr aus dem Flugloch heraustransportiert werden können. Da sie aber bei ihrem Zersetzungsprozess das Bienenvolk infizieren könnten, wenden die Bienen einfach einen Trick an und balsamieren sie mit Propolis ein. Das gleiche machen die Bienen übrigens auch mit Totenkopffaltern und sogar mit Mäusen. Sollten Sie also im Frühjahr im Bodenbereich einen braunen Klumpen finden, könnte sich darin eine Maus befinden. Genial, oder?

BODENSPUREN LESEN

Die meisten Imker interessieren sich nur für die Anzahl der Varroamilben auf den Bodenbrettern, sie suchen und zählen und stellen diverse Behandlungskonzepte auf. Ich arbeite ein wenig anders. Mir ist völlig klar, dass sich Varroen im Volk befinden. Mich interessiert aber nicht die genaue Anzahl. Ich gucke mir die Bretter an. Wenn ich eine Lupe brauche, um Varroen zu finden, ist alles im Lot. Wenn ich nichts anderes als Varroen sehe, habe ich ein Problem.

Gemülldiagnosen können mir aber noch viel mehr verraten. Ich kann an ihnen z. B. die Volksstärke erkennen und den Sitz der Völker, ohne nur ein einziges Rähmchen gezogen zu haben. Wichtig im Winter, bevor ich meine Völker mit Oxalsäure behandle. Dort, wo die Wintertraube hängt, befinden sich die meisten Krümel auf dem Boden. Diese Krümel, die im Winter herunterfallen, sind die geschredderten Wachsdeckel der Honigzellen. Das Volk frisst sich durch die Beute und dort, wo die Bienen hängen, lassen sie halt einfach alles fallen.

Im Winter ebenfalls häufig zu finden sind Wassertropfen im Bodenbereich, wenn sich das Volk zur Traube formt und nicht mehr die ganze Beute klimatisiert. Dann entstehen auch kalte Ecken. Dort gibt es eine erhöhte Feuchtigkeit, die zu feuchten Kellern führt und Schimmel verursacht. Gut funktionieren hier Bodengitter statt geschlossener Böden, dann kann ein Luftaustausch stattfinden.

Achten Sie auch auf Kotflecken auf der Windel, das deutet auf Durchfall hin. Wenn es die Temperatur zulässt, bitte Waben kontrollieren.

Es macht also absolut Sinn, sich häufiger die Bodenbretter anzuschauen, um Rückschlüsse zu ziehen. Gut sind immer auch Vergleiche mit anderen Völkern. So trainieren wir unsere Sinne und nerven die Bienen nicht durch ständiges Rähmchenziehen. Mit den Gemülldiagnosen können wir die Durchsichten auf ein vernünftiges Maß reduzieren. Aber es ist noch kein Meister vom Himmel gefallen, von daher: üben, üben, üben.

Übrigens

Wundern Sie sich im Winter nicht über viele tote Bienen am Boden. Das ist der natürliche Totenfall, und da die Bienen im Winter nicht draußen sterben können, liegen sie halt am Boden. Pro Monat eine gute Handvoll ist völlig normal.

Genießer

Schöner Wohnen: Der naturnahe Standort

Die Wahl eines guten Standortes für die Bienenbeuten wird leider von Seiten der Imker viel zu oft sträflich vernachlässigt. Meist werden die Bienen dort platziert, wo es aus Menschensicht praktisch ist.

Praktisch heißt: die Beute auf eine Palette stellen, vorn und hinten Platten legen, fertig. Aus Bienensicht ist dieser Standort inakzeptabel. Warum? Bienen leben in der Natur niemals bodennah. Am Boden sind sie angreifbar, von Kleinsäugern, Bären und Ameisen. Wenn man Bienen fragte, würden sie eine Beutenaufstellung von mindestens vier Metern über dem Boden einfordern (Weißenseifener Hängekörbe).

Sie würden allem anderen einen hohlen Baum vorziehen, mit einem Rauminhalt von ungefähr 40 Liter.

Weißenseifener Hängekörbe werden in fast 4 Metern Höhe installiert.

Ein hohler Baum als Bienenwohnort. Möbliert mit Naturwabenbau.

Das Flugloch hingegen klein, nur um die drei bis vier Zentimeter. Ausrichtung zur Morgensonne. Das ist ihr ursprüngliches Habitat. Alles andere ist eigentlich Murks, aber wer möchte zum Bienenbearbeiten schon eine Kletterpartie machen? Als damals noch in den Wäldern geimkert wurde, sind die Zeidler in die Bäume geklettert und haben dort die Bienen umsorgt. Sie haben oft lange, schmale Höhlungen, Spalten, in die Bäume geschlagen, damit sich dort die Schwärme ansiedeln. Der Zeidler war der Ur-Imker. Nicht selten hat er mit diesen Kletterpartien sein Leben riskiert. Irgendwann danach haben die Imker die hohlen Bäume dann aus dem Wald geholt (also abgesägt) und im eigenen Garten aufgestellt. Viele Erfindungen später ist so unsere moderne Magazinbeute entstanden. Wie aber können wir unseren Bienen entgegenkommen, so dass sie sich bei uns wohlfühlen?

VOLK SUCHT WOHNUNG MIT AUSBAUPOTENZIAL

Da das Imkern in luftiger Höhe nicht jedermanns Sache ist, gibt es heute die Möglichkeit, die Bienen auch auf Carports, Balkone oder Hausdächer zu stellen. Der große Vorteil: Die Bienen belästigen keinen, weil sie direkt nach oben starten. Leider ist jedoch nicht jedes Dach auf Tragfähigkeit ausgelegt. Bevor Sie Versuche starten, fragen Sie bitte einen Statiker: Ein Bienenvolk mit Honigräumen wiegt locker mehr als 100 Kilogramm. Wer kein Dach hat zur Aufstellung, sollte sich zumindest Gedanken um einen trockenen Standplatz machen. Feuchtigkeit ist auf Dauer tödlich für Bienen. Nicht nur die Waben würden im Inneren schimmeln, das Volk könnte auch an Kalkbrut erkranken. Begutachten Sie den Boden am geplanten Standplatz: wenn er von Moos bedeckt ist, bitte einen anderen Platz suchen. Er sollte sich nicht in Senken, wo sich am Morgen Nebel und Tau sammelt, auch nicht auf windigen Hügeln befinden. Optimal sind Plätze unter Bäumen, so dass die Bienen beim An- und Abflug windgeschützt sind. Seien Sie aber vorsichtig mit der Wahl der Bäume. Alle Obst tragenden Bäume sind ein Problem in der Erntezeit, wenn das Obst zu Fallobst wird. Stellen Sie sich mal den Knall vor, wenn ein Boskop auf eine Beute fällt, oder Kastanien und Walnüsse, wenn sie auf die Blechdeckel prasseln. Wählen Sie lieber Bäume, die keine großen Früchte tragen.

Gerade im Frühjahr haben die Bienen große Probleme, bei niedrigen Temperaturen und Wind nach Hause zu fliegen und den Einflug zu treffen. Seitenwinde können ihnen das Leben zur Hölle machen. Vollsonne sollte gemieden werden, die Bienen müssten sonst ohne Ende kühlen im Sommer. Halbschatten ist gut, Morgensonne auf dem Anflugbrett optimal. Eine leicht erhöhte Aufstellung ist wichtig, da die Böden der Beuten meist Lüftungsgitter besitzen.

NACHBARN UNERWÜNSCHT!

Ein wichtiger Aspekt für einen guten Standplatz ist Ruhe. Im Wald, dem Ur-Habitat der Biene, rauschten maximal die Blätter. Doch die meisten Bienenvölker werden heute im eigenen Garten aufgestellt. Dort toben Kinder, spielen Fußball, sommers wie winters. Ruhe gibt es hier selten. Und genau das ist eigentlich sehr wichtig für unsere Bienen – zumindest im Winter, wenn sie in der Traube hängen. Gönnen Sie Ihren Bienen nicht nur Sonne, sondern auch eine Ruhezone. Teilen Sie Ihren Garten fair in Bienen- und Nicht-Bienenzone, auch das ist naturnah.

Ein wunderschönes Bienenhaus in XXL. Hier bringt das Arbeiten Spaß.

Wie – nicht nur – Bienen satt werden

Naturnah Imkern bedeutet auch, dass wir uns um den gedeckten Tisch der Bienen kümmern. Da die Biene einen Flugradius von drei Kilometer hat, sollte es innerhalb dieses Gebietes genügend Tracht geben.

Wir sollten uns ab und an aufs Rad setzen und einfach mal schauen, was in der Umgebung so alles wächst oder nicht wächst. Es liegt in unserer Hand, hier Abhilfe zu schaffen. Wichtig sind für die Bienen Massen an Blühpflanzen – und Abwechslung.

NACHHALTIGE KOST MACHT BIENEN FIT

Bekanntlich isst niemand gern jeden Tag das Gleiche. Unsere Bienen auch nicht. Sie sind zwar blütenstet, was bedeutet, dass sie erst eine Pflanzenart komplett abernten, bis sie neues Futter suchen, aber gerade auf dem Sektor der Pollen ist Abwechslung gleichbedeutend mit Gesundheit. Zudem müssen wir noch die böse Trachtlücke zwischen Obst- und Lindenblüte schließen, damit die Völker dann keinen Hunger leiden. Der zweite Grund, warum es Sinn macht, sich um die Blühpflanzen zu kümmern, sind unsere Wildbienen, von denen viele vom Aussterben bedroht sind. Konkurrenz zwischen Honig- und Wildbienen entsteht nämlich nur dann, wenn es nicht genügend Futter für alle gibt.

Eine blühende Blumenwiese macht alle unsere Bienen satt.

Im Frühjahr ist das meist kein Problem. Die Nektarbomber in dieser Zeit sind Salweide, Kornelkirsche, die Frühlingszwiebelgewächse wie Krokus, Tulpen, Narzissen, Hyazinthen und viele andere. Es ist mittlerweile sehr populär geworden, ganze Gemeindeflächen mit Krokussen zu bestücken. Die Bienen danken! Danach geht es nahtlos weiter mit der Schlemmerei, es folgen die Obstblüten, Kirsche, Apfel, Pflaume, Birne und alle frühen Beerensträucher. Auch Wildobstarten werden

Die Sonnenblumen sind der Hit für alle Fluginsekten. Ein Bistro für Bienen und Co.

gerne zum Nektarsaugen besucht, Schlehe, Felsenbirne, Zierjohannisbeere, Weißdorn.

Schließlich fangen die ersten Rapsfelder an zu blühen. Und genauso schnell, wie es losging, ist das große Blühen dann auf einmal vorbei.

WILDBIENEN: GLEICHES RECHT FÜR ALLE

Jetzt wartet man gespannt auf die Linde. Und genau das ist das Problem. Nun gibt es nur noch ein sehr geringes Blühangebot, und jetzt prügelt man sich tatsächlich fast um die Nahrung.

Wildbienen lassen sich allzu leicht durch Honigbienen von den Blüten vertreiben. Die Honigbienen sind in der Nähe ihrer Völker zahlenmäßig überlegen. Nicht umsonst werden die meisten Wildbienenarten auch Solitärbienen genannt, weil sie ganz allein sind. Und dann haben sie tatsächlich große Not, noch satt zu werden. Solitärbienen, die Hunger haben, können keine Brutzellen bevorraten und sich somit nicht vermehren. Es gibt sogar ganz viele Arten, deren Lebensrhythmus ausschließlich an eine einzige Pflanzenart gebunden ist. Wird diese Pflanze entfernt, ist es um diese Biene geschehen. Von daher macht es ganz viel Sinn, nicht nur naturnah zu imkern, sondern auch naturnah zu gärtnern.

Gestatten, ich bin die Hummel

Viele wissen gar nicht, dass die Hummel auch zu den Wildbienen gehört. Die pelzigen, kleinen, pummeligen Flieger gründen einen Sommerstaat, überwintern aber als Einzelinsekt. Wer naturnah unterwegs ist, sollte sich auch um sie kümmern.

Die Wildbienen sind heute in aller Munde, und das ist auch gut so, denn für sie ist es mittlerweile kurz vor Zwölf, was ihr befürchtetes Aussterben betrifft. Von daher macht es viel Sinn, sich auch um sie zu kümmern.

Hummeln vertragen sich in der Regel gut mit Honigbienen, solange genügend Nahrung für alle vorhanden ist. Sie haben einen etwas kleineren Flugradius als unsere Honigbiene, maximal anderthalb Kilometer. In Deutschland

Eine seltene Kuckuckshummel. Auch sie gehört zu den Wildbienen.

gibt es noch ungefähr 50 verschiedene Hummelarten, die häufigste ist die Dunkle Erdhummel. Sie ist schwarz-orangefarben gestreift und hat einen weißen Puschel-Po.

MAUS SUCHT NACHMIETER

Die meisten Hummelarten leben in Erdlöchern, die ehemals von Mäusen besetzt waren. Sie sind sogenannte Haustürsammler und fliegen bodennah. Hummeln sammeln alles, was sie finden können, und sind aufgrund ihres Körpergewichtes und der Energie, die sie deswegen zum Fliegen benötigen, ständig kurz vor dem Verhungern.

Schon Ende Februar, Anfang März können wir als eine der ersten Hummelarten die Erdhummel sehen. Es sind die Königinnen, die bereits jetzt ihre Winterquartiere verlassen. Sie suchen dann Blüten, frühstücken erst einmal ausgiebig, um anschließend sofort eine Nisthöhle zu suchen. Sie können schon bei geringen Plusgraden fliegen, sie tragen ja schließlich Pelz und vibrieren sich vor dem Flug warm. Bodennah fliegen sie und kontrollieren jedes Erdloch, immer auf der Suche nach einem alten, verlassenen Mäusenest. Denn Mäusenester eignen sich perfekt als Hummelhaus: Sie sind trocken und haben Nistmaterial vorrätig, aus dem die Hummelkönigin sich eine Wärmekugel webt. Dieses Nistmaterial muss vorhanden sein, es kann nicht von andernorts gesammelt werden.

> Übrigens
> Hummeln sind äußerst friedfertig und, bevor sie stechen, warnen sie netterweise: Sie heben die mittleren Beine, so wie ein pinkelnder Hund das Hinterbein.

Wenn die Suche der Hummelkönigin erfolgreich war, beginnt sie sofort, das Nest herzurichten und aufzuräumen. Anschließend webt sie sich eine innen hohle Kugel aus den zurückgelassenen Mäusefellhaaren und baut sich dann aus Wachs, das sie selbst ausschwitzt, zwei kleine Töpfchen. Das eine ist das Nektartöpfchen, das sie mit der Ausbeute einiger Flüge befüllt, das andere wird die Eiwiege. Anders als Solitärbienen legt sie hier bis zu acht Eier auf einmal hinein. Hummelbabys mögen es halt kuschelig. Diese Eiwiege wird dann noch mit einem Pollen-Nektar-Brei bevorratet und verschlossen. Dann setzt sich die Hummelkönigin wie eine Glucke obendrauf und wärmt so ihre Brut. Das Nektartöpfchen ist in erreichbarer Nähe, jedes Mal, wenn sie hungrig wird, braucht sie nur ihren Rüssel auszustrecken. Ist das Töpfchen leer, düst sie schnell nach draußen, um neuen Nektar zu sammeln. Mehr als eine halbe Stunde hat sie dazu nicht zur Verfügung, sonst würde die Brut verkühlen.

Nach einigen Tagen sind die Maden geschlüpft und so groß geworden, dass sie sich jetzt genau wie Honigbienen in einen Einzelkokon einweben. Quasi wie Teenies, die jetzt lieber ein Zimmer allein für sich haben möchten.

> Übrigens
> Die zuerst geschlüpften Arbeiterinnen sind oft winzig klein. Das liegt daran, dass sie während ihrer Entwicklung unterernährt waren und ab und an zu kalt geworden sind. Im Gegensatz zu den Honigbienen gibt es daher Hummelarbeiterinnen in unterschiedlichen Größen. Die kleinen bleiben oft als Haushummeln daheim.

Ein Blick in ein Hummelnest. Gut isoliert mit Kleintierstreu.

Nach insgesamt etwa 20 Tagen schlüpfen dann die ersten Arbeiterinnen. Jetzt bekommt die Königin Unterstützung, und nach weiteren Brutdurchgängen konzentriert sie sich nur noch auf das Eierlegen. Alle anderen Arbeiten übernehmen ab da die Arbeiterinnen.

Das Hummelnest vergrößert sich nach und nach, im Sommer hat ein Hummelnest je nach Art bis zu 400 Einwohner. Am Ende des Sommers schlüpfen dann die Drohnen, die nach knapp 14 Tagen das Nest geschlechtsreif für immer verlassen. Sie können sich, im Gegensatz zu den Honigbienen-Drohnen, allein ernähren. Übernachtet wird gern in großen Blütenkelchen wie z. B. in Glockenblumen.

Die Begattung findet meist direkt auf den Blüten statt, und – sehr sympathisch – es verstirbt der Hummeldrohn nicht dabei. Nun schlüpfen auch die Jungköniginnen, verlassen kurz darauf das Nest, lassen sich begatten und suchen danach schon sehr früh ihr Überwinterungsquartier: morsche Baumstämme oder Erdlöcher in bis zu 50 Zentimeter Tiefe. Dort graben sie sich ein. Von zehn Jungköniginnen überlebt maximal eine den Winter.

Wenn die Königinnen das Nest verlassen haben, bricht es zusammen. Die Arbeiterinnen beginnen die Eier aufzufressen, legen selbst welche, bringen die alte Königin um, bis schließlich nichts mehr übrig ist vom ehemaligen Volk. Jetzt übernehmen die Wachsmotten und räumen auf.

Günstig bauen für den Hummelschutz. Innen Pappe, außen Holz.

TINY HUMMELHAUS, MARKE EIGENBAU

Wer Freude daran hat, unsere Hummeln zu unterstützen, kann ihnen Hummelkisten bauen und anbieten. Es muss nicht immer eine kostspielige gekaufte sein. Wir brauchen dazu einen kleinen Pappkarton mit dem Maß 20×20 Zentimeter. In die Mitte einer Seite bohren wir ein zwei Zentimeter kleines Loch hinein. Das ist die eigentliche Nistkiste. Diese muss aufgrund der dringend benötigten Wärmeisolierung in eine größere Außenkiste (die wasserfest sein muss) gestellt werden. In die Außenkiste wird in eine der Wände ebenfalls ein zwei Zentimeter großes Loch gebohrt.

Nun brauchen wir noch ein Papprohr im gleichen Durchmesser. Dann stellen wir die kleine in die große Kiste und verbinden beide mit dem Papprohr. Jetzt wird der Freiraum mit Kleintierstreu zur Isolierung aufgefüllt, gern auch unter der Pappkiste. In die Pappkiste wird so viel Streu gegeben, dass die Pappröhre noch frei bleibt. Für die Inneneinrichtung tun's ein paar trockene Blätter, Moos und eine kleine Kugel Kapok (im Handel auch unter Hummelwolle zu finden). Das ist das Ersatznistmaterial statt Mäusefell. Daraus webt sich die Hummelkönigin die Wärmekugel.

Das fertige Hummelnest bekommt jetzt noch einen Papp- und einen regensicheren Außendeckel. Die Hummelkiste wird am besten leicht erhöht an einem schattigen Platz aufgestellt. Und dann heißt es warten. Wenn eine Hummel-

Ein Hummelnest mit aus Wachs gebauten Ei-Wiegen und Nektartöpfchen.

Diese Plexiglasklappe verhindert das Eindringen von Wachsmotten.

königin eine Wohnungsbesichtigung macht, steigt die Wahrscheinlichkeit des Annehmens, je länger sie sich im Kasten aufhält. Danach macht sie Orientierungsflüge um den Kasten herum und prägt sich ihre neue Adresse ein. In den nächsten Stunden wird sie Nektar sammeln, um dann anfangen zu renovieren. Wenn in den nächsten Tagen ein bisschen Hummelwolle vor dem Eingang liegt, ist die Kiste angenommen worden. Alles, was die Hummel nicht für die Inneneinrichtung braucht, schmeißt sie raus.

Nach einer Woche kann man mal vorsichtig hineinschauen, ob die Dame schon brütet. Ist die Kiste besetzt, erklingt gleich nach dem Öffnen ein empörtes Brummen. Dann vorsichtig wieder schließen, herzlichen Glückwunsch, Bude erfolgreich vermietet.

Hummeln sind übrigens sehr friedfertig, ich habe Hummelkästen direkt an meiner Terrasse stehen, so kann man diese wunderschönen Insekten wunderbar beim Ein- und Ausflug beobachten. Im Herbst, wenn die Völker zusammengebrochen sind, werden die Innen-Pappkästen entfernt und weggeworfen. Hummeln sind kleine Schweinchen, sie koten gern auch mal ins Nest. Einfach eine neue Pappkiste für das nächste Jahr bauen und die Hummelkästen spätestens im Februar wieder nach draußen stellen.

Wer die Hummelkästen noch etwas exklusiver bauen möchte, befestigt am Einflug eine Hummelklappe.

Diese verhindert das Eindringen von Wachsmotten. Wachsmotten sind nachtaktiv und erschnüffeln sich die Nester. Sie sind aber zu schwach, die Hummelklappen zu öffnen. Mit diesem einfachen Trick verhindert man, dass sie eindringen und das Nest zerstören.

Eine Hummelklappe ist ein schräg angesägtes Stück Holz, das vor dem Eingang befestigt wird. Es besitzt eine kleine Plexiglasscheibe, die so befestigt ist, das sie leicht aufliegt und so den Einflug verschließt. Hummeln lernen es, diese Klappe zu öffnen. Hummelklappen kann man sich leicht selber bauen oder im Handel kaufen. Bevor der Hummelkasten von einer Königin besetzt ist, muss diese Klappe offen und gesichert sein, damit die Königin jederzeit eine Besichtigung starten kann. Hat sie die Kiste angenommen, kann die Klappe geschlossen werden.

So können Sie Ihren naturnahen Bienengarten noch komplettieren mit Hummeln.

Übrigens

Die Hummelkisten werden von verschiedenen Arten angenommen. Die einzige, die hier nicht hineingehen wird, ist die Baumhummel, sie lebt lieber in alten Vogelkästen, Dachüberständen oder ähnlich hoch hängenden Hohlräumen, und das ist auch gut so, denn diese Art kann auch mal piefig werden, wenn sie gestört wird. Baumhummeln haben eine braune Brust und einen weißen Po, der Rest von ihnen ist schwarz.

BUNT, BUNTER, BIENENFUTTER!

Pflanzen Sie, was das Zeug hält. Für die Trachtlücke am besten Phacelia, die von allen Bienenarten geliebt wird, gern auch eine größere Fläche einsäen. Dann unbedingt alles, was es an Küchenkräutern gibt, pflanzen, das geht sogar auf dem Balkon in Blumentöpfen. Bienen lieben blühende Kräuter wie Lavendel, Majoran, Oregano und alle anderen. Natürlich dürfen wir uns hier auch für unsere Küche bedienen. Fast alle Küchenkräuter blühen das ganze Jahr hindurch und bieten in ihren kleinen Blüten große Mengen an Nektar an.

Sonnenblumen sind nicht nur wunderschön, sondern im Spätsommer ein wahrer Bienenmagnet. Astern sind für den Pollenvorrat im Herbst wichtig. Am besten schauen Sie in den Serviceteil am Ende des Buches, dort finden Sie gute Literatur zum Weiterlesen.

In den letzten Jahren sind Blühstreifen oder Wildblumenwiesen sehr populär geworden. Beachten Sie hier unbedingt, dass die Samen direkt auf die Erde gesät werden müssen und nicht auf den Rasen. Hier ist eine ganze Menge Vorbereitung nötig. In erster Linie muss der Rasen abgeschält und entfernt werden. Manchmal sind auch Bodenverbesserungen nötig. Wildblumen mögen sandigen, ungedüngten Boden, also die Humusschicht entfernen. Je karger – also magerer – der Boden, desto schöner die Blütenpracht.

Und last but not least: Achten Sie auf gute Saatgutqualität. Viele Blühmischungen enthalten ausländische Saaten – Finger weg davon. Richtig angelegte Blühflächen machen lange Freude und sind zudem spannend, weil in jedem Folgejahr andere Blumen zum Blühen kommen. Irgendwann verunkrauten sie aber und müssen dann neu angesät werden. Solche Blühflächen sollten – wenn überhaupt – erst spät im Jahr nach dem Verblühen einmal gemäht werden.

Hier gibt es Futter für alle. Kornblumen, Mohn, Nelken und mehr.

Saftmale & Nektarzeiten: Spannendes über Blüten

Blumen haben einige Besonderheiten in petto, die in erster Linie natürlich für ihre Bestäuberinsekten gedacht sind: Blumen locken Insekten (und andere Tiere) an, um von ihnen bestäubt zu werden.

Außer unseren Bienen sind das in erster Linie Käfer, Schmetterlinge, Fliegen und sogar Vögel. Damit die Bienen die Blüten befruchten können, müssen sie in Bienenaugen attraktiv sein. Das können bestimmte Farben erreichen, die Bienen stehen zum Beispiel auf Weiß und Gelb. Allerdings sehen sie die Farben anders als wir, nämlich im ultravioletten Bereich. Farbmäßig stellt sich die Welt der Farben damit ein wenig auf den Kopf: Grün wird zu Grau, Rot zu Schwarz und Weiß leuchtet in 3D. Bienen können unendlich viele Weißtöne ganz genau von anderen unterscheiden.

WERBUNG IST ALLES

Und noch etwas anderes haben die Blumen zu bieten. Sie wollen nicht nur wahrgenommen werden, die Bienen sollen sie auch schnell und effektiv befruchten. Blüten haben **Saftmale**, die die Biene für die Nahorientierung nutzt. Dabei handelt es sich um Blütenblatt-Zeichnungen, die von außen nach innen zu den Nektarien führen.

Viele der Saftmale können wir sehen, beim Stiefmütterchen etwa, beim Storchschnabel, dem Fingerhut oder dem Sumpfherzblatt. Bei anderen Blüten sind diese Saftmale nur im UV-Licht sichtbar. Wer damit experimentieren möchte, kann sich eine UV-Taschenlampe besorgen und diverse Blüten im Dunklen anleuchten – spannende Sache. Die Blüte vom Hahnenfuß beispielsweise, ursprünglich rein gelb, zeigt im UV-Licht Linien und ein zartes Lila.

Außerdem duften Blüten, und zwar so lange, bis sie befruchtet sind. Eine Blüte, die besonders stark duftet, ist die Lindenblüte; auch das lockt die Insekten an. Die Kastanienblüte hat noch einen anderen coolen Trick auf Lager, sie zeigt sich in Gelb und wird nach der Befruchtung rot. So brauchen die Bienen gar nicht erst zu landen, sondern können die Blüten gezielter anfliegen, was eine Menge Zeit spart.

BESITZEN BLÜTEN EIN UHRWERK?

Blüten folgen auch sogenannten **Nektarzeiten**. Das heißt: Sie haben nicht immer Nektar im Angebot, sondern brauchen – wenn sie Nektar-leer sind – für die Neuproduktion einige Stunden. Die Bienen wissen das und fliegen in der Zwischenzeit zu anderen Blüten. Bienen sind übrigens in der Lage, sich bis zu vier verschiedene Nektarzeiten zu merken. Und zu guter Letzt tricksen die Blüten zudem noch mit ihrer Temperatur: Blüten, die Nektar führen, sind wärmer als die ohne.

Und was hat das Ganze mit naturnahem Imkern zu tun? Die Natur ist eine Wundertüte, und Wissen ist hier Macht.

Nur wer Zusammenhänge versteht, kann die Natur aktiv schützen und unterstützen – und somit auch unsere Bienen.

Kastanienblüten sind gelb und werden nach der Befruchtung rot.

Die Beutenfrage: Naturnah oder nicht?

Wer naturnah imkern möchte, sollte einen großen Bogen um Kunststoffbeuten machen. Und wer sich Bio-zertifizieren lassen möchte, darf sowieso nicht in Kunststoffbeuten imkern: Zugelassen sind Beuten aus Naturmaterialien, also Holz, Stroh oder Lehm.

KUNSTSTOFFBEUTEN sind und bleiben Produkte aus Plastik und somit weder naturnah noch nachhaltig. Sie lassen sich nicht kompostieren, enthalten diverse giftige Stoffverbindungen, die beim Entsorgen immer wieder „Hallo" schreien. Und mal ehrlich, möchten Sie in einer Plastikbox leben?

HOLZBEUTEN halten ein ganzes Imkerleben lang. Die einzige Anforderung der Beutennaturmaterialien an uns ist ein regenfestes Dach: Alle vertragen weder Schlagregen noch Staunässe. Holzbeuten verziehen sich so stark, dass einzelne Zargen nicht mehr passen, Spalten entstehen und das Volk so ein wunderbares Opfer für Räubereien wird. Das ist aber auch wirklich das einzige Problem bei Beuten aus Naturmaterialien. Gestrichen werden müssen sie eigentlich auch nicht, solange das große Dach oben vorhanden ist; wer gerne malt, wählt ungiftige Lasuren. Wenn Sie malen möchten, bitte nur außen, niemals innen. Die Bienen übernehmen die Inneneinrichtung lieber allein.

URSPRÜNGLICH UND ÖKOLOGISCH LEBEN IN HOLZ

Man kann seinen Beuten ein großes Dach verpassen oder Unterstände bauen, wo die Beuten auf Regalen wetterfest aufgestellt werden können. Die heutigen Holzbeuten werden meist aus sehr leichten Holzarten gefertigt (Weymouthkiefer), so dass die einzelnen Zargen nur 300 Gramm schwerer als vergleichbare Kunststoffzargen sind. Somit ist das Gewicht einer Bienenbeute auch nicht mehr ausschlaggebend für die Wahl. Holzbeuten sind meist im Umfang ein wenig schmaler, sehr praktisch, wenn man nicht so lange Arme hat. Sie sind auch wesentlich widerstandfähiger gegen Stockmeißel-Beschädigungen.

Kunststoffbeuten bekommen gern mal ein Loch, Spalten oder Schlimmeres, wenn man mit roher Gewalt versucht, Zargen voneinander zu trennen. Bei Kunststoffbeuten sollte man diese Löcher dann auch sehr schnell mit Kleber oder Füller schließen, weil sonst gern Untermieter wie Ameisen einziehen. Bei einer Sanierung aufgrund der Amerikanischen Faulbrut muss jedes einzelne Kunststoffbeutenteil in Ätznatronlauge ausgekocht werden. Da haben es die Holzbeutenbesitzer einfacher, hier wird mit der Flamme desinfiziert. Einfach mit dem Gasbrenner alle Flächen leicht abbrennen, bräunen und fertig ist die Geschichte.

Extratipp

Ich streiche meine Beuten alle paar Jahre mit Sonnenblumenöl. Den Tipp habe ich von einem Tischler bekommen. Er hat mir verraten, das Leinöl wasseranziehend und somit suboptimal für unsere Beuten ist.

Natur pur! Bienen im hohlen Baumstamm: eine Klotzbeute.

DIE BEUTENFORMEN

Mit welcher Beutenform kann man eigentlich naturnah imkern? Eigentlich mit fast allen. Naturnah bedeutet: nah am Habitat der Biene und ihrem Jahreslauf. Das bedeutet, dass wir die Biene das ganze Jahr in ihrer Entwicklung begleiten. Unterstützen, wo es notwendig ist, auf überflüssige Eingriffe am Volk aber verzichten und z. B. das Brutnest nicht manipulieren. Es bedeutet aber auch, dass wir nur den Honig entnehmen, den die Bienen nicht als Winterfutter benötigen, also quasi nur die Überproduktion. Naturnah imkern kann niemals honigintensiv sein.

Es gibt eine riesige Auswahl an Beutenformen, die uns das naturnahe Imkern und den Bienen ein angenehmes Leben ermöglichen.

Die Trogbeute

Sie kommt ursprünglich aus Afrika und wird dort in die Bäume gehängt. Der Innenraum hat nur Rähmchenleisten und ist dreieckig, die Bienen bauen Naturwaben. Die Idee der Rauminnenform ist, dass die Bienen die Waben eigentlich nicht an die Wände anbauen. Das aber ist ein Märchen. Trogbeutenbesitzer imkern mit langen, dünnen Sägeblättern, damit sägen sie vor dem Wabenziehen diese erst einmal von den Wänden ab (ziemlicher Schweinkram, überall fließt Honig herunter).

Bei uns wird hier mit dem Schied gearbeitet. Also geben wir unseren Bienen nur soviel Platz zur Verfügung, wie sie benötigen. Wer aber mit dem Schied arbeitet, muss in der aktiven Zeit einmal pro Woche eine Durchsicht machen, um das Raumangebot an die Volksgröße anzupassen.

Viele naturnahe Imker missverstehen dieses Beutensystem. Sie nehmen an, dass man dort Bienen einsiedelt und sich dann nicht mehr um sie kümmern muss, was ein fataler Fehler ist. Meist schwärmen die Völker dann, haben anschließend zu kleine Volksstärken und zu wenig Winterfutter. In der Regel sind diese Imker dann im folgenden Frühjahr bienenfrei, weil sie sich auch keine Gedanken über ein vernünftiges Varroabehandlungskonzept gemacht haben. Keine Eingriffe an den Bienen zu machen ist falsch verstandene Tierliebe und grob fahrlässig.

Also: Trogbeuten sind wirklich gute, funktionierende Beutensysteme, die aber auch jede Menge Imkerwissen benötigen. Honigernten mit einer Schleuder sind hier nicht möglich, wer seinen Honig ernten möchte, muss ihn auspressen oder über dem Sieb abtropfen lassen.

Die Magazinbeute

Zum Imkern sicherlich die einfachste Beute, zumindest wenn man Imker befragt. Alle Teile haben die gleiche Form und sind stapelbar wie ein Legobaukasten. Von der Bienenseite aus ziemlich unpraktisch. Diese Beuten sind eckig, haben also kühle Ecken, wo sich im Winter Feuchtigkeit bildet, was zu verschimmelten Randwaben führt. Die modernen Beuten haben einen offenen

Drahtboden. Zum Imkern super praktisch. Die Bienen hätten lieber einen geschlossenen Boden, damit sich ein Mikroklima aufbauen kann. Alle Magazinbeuten haben glattgehobelte Wände, die der Imker hervorragend säubern kann. Bienen bearbeiten ihre Beutenwände lieber selber, beknabbern sie innen und verputzen alles mit Propolis zur Gesundheitsvorsorge. In Magazinbeuten lassen sich keine Bücherskorpione einsetzen, weil diese dort keine Rückzugsorte haben. Und es wird mit Rähmchen gearbeitet, die dem Imker eine einfache, schnelle Durchsicht ermöglichen. Die meisten Imker verwenden gedrahtete Rähmchen mit geprägten Mittelwänden. Bienen bauen lieber selber und entscheiden spontan, wo sie welche Zellen bauen. Bienen entscheiden auch gerne selber, ab wann und wie viel Drohnenbrut angepflegt wird. Immer passend zur Volksgröße und Jahreszeit.

Kunterbunte Holzbeuten erfreuen nicht nur die Biene. Auch der Mensch findet sie schick.

Die meisten Imker, die von Mittelwänden auf Naturwabenbau umsteigen, sind erstaunt, wie viele unterschiedliche Zellgrößen die Bienen bauen. Um dann bei Durchsichten völlig neu gucken zu lernen. Nicht alle großen Zellen sind nämlich Drohnenzellen!

In Magazinbeuten wird oben auf die Rähmchen meist Folie gelegt, das ermöglicht dem Imker einen Blick auf die Rähmchen, ohne das Volk öffnen zu müssen. In ihrem natürlichen Habitat klappt keiner mal eben den Baum auf, von daher brauchen die Bienen absolut kein Plastik.

Die Drohnenwabe wird mit einer Reißzwecke markiert.

Wenn Sie jetzt einen Schreck bekommen, nachdem Sie festgestellt haben, dass in einer Magazinbeute kein naturnahes Imkern möglich ist, gut durchatmen, runterkommen und bitte die Magazinbeuten nicht gleich wegschmeißen. In Magazinbeuten kann man natürlich auch naturnäher imkern, mit ganz einfachen Tricks. Es funktioniert zwar deutlich besser mit anderen Beutenformen, aber für den Anfang geht es auch mit Magazinbeuten, vorausgesetzt, es handelt sich um Holzbeuten. Die Grundlagen dazu sind ganz einfach. Leere Rähmchen geben und die Bienen selber Naturwaben bauen lassen. Hier ist es wichtig, jede Woche nachzukontrollieren und eventuell den Bau zu korrigieren, immer dann, wenn die Bienen die Waben verbauen, sonst kann später niemals ein Rähmchen gezogen werden.

Statt Folie ein Wachstuch oben auflegen. Man kann jetzt zwar nicht mehr ins Volk hineinschauen, hat aber bei Durchsichten den Vorteil, dass man das Wachstuch Stück für Stück wegklappen kann, so dass immer nur ein kleiner Bereich geöffnet ist. Das lässt gerade im zeitigen Frühjahr die Wärme nicht so schnell aus dem Volk entweichen.

Die Sommerhonigernte kann im Volk verbleiben. Dazu im Spätsommer einfach alle dunklen Waben aus dem Volk nehmen und dann mit den Honigwaben aus dem Honigraum auffüllen. So erspart man sich komplett das Einfüttern mit Zuckersirup.

Wer mit dem Gedanken spielt, Bücherskorpione in die Beute einzusetzen, muss mit geschlossenen Böden arbeiten und kann sich Spezialrähmchen basteln, in denen die Skorpione einen Rückzugsort finden. Dazu entfernt man die Drähte in dem Rähmchen und verschließt eine Seite mit einer Bastmatte (die gern auf Tischen als Tischset Verwendung findet). Das Innere des Rähmchens befüllt man mit Stroh und Totholzstücken. Kein Heu verwenden, das neigt zur Schimmelbildung. Die zweite Seite wird dann genauso mit einer Bastmatte verschlossen wie die andere. Jetzt können die Skorpione in die Rähmchen krabbeln, um dort ihre Brutnester zu bauen. Diese Rähmchen am besten als Randrähmchen einhängen. Eine 100%ige Sicherheit, dass die Skorpione sich nicht verkrümeln (sie nutzen die Bienen als Taxi, klammern sich an den Beinen fest und verlassen so den Stock) gibt es nicht. Aber einen Versuch ist es wert.

Wichtig!

Bitte die Völker niemals auf Spättrachten (Heide, Tanne) überwintern lassen. Dieser Honig enthält zu viele Mineralstoffe, die die Bienen nicht in ihren Kotblasen speichern können. Und da sie im Winter nicht nach draußen fliegen können zum Abkoten, käme es zu vollgekoteten Waben und in Folge davon zu Durchfallerkrankungen. Auch so kann man Völker verlieren, nur weil man der Meinung war, dass Honig das Beste für die Bienen ist. Stimmt, aber wichtig ist die richtige Wahl der Honigsorte als Winterfutter.

Wer seine Magazinbeuten so aufpeppt, ist schon ziemlich naturnah unterwegs. Wenn jetzt noch an der Art des Imkerns gefeilt wird, steht dem Erfolg, den Bienen ein besseres Zuhause geben zu wollen, nichts mehr im Weg.

Die Bienenkiste

Auch hier lässt sich nicht nur naturnah, sondern auch wesensgemäß imkern. Erfunden wurde sie von Mellifera, dem Verein für wesensgemäße Bienenhaltung. Die Bienenkiste ist eine tolle Beute, wenn man mit ihr umgehen kann. Einfach nur Bienen hineinkippen und nie wieder anfassen ist dagegen grob fahrlässig. Auch in dieser Beute müssen wir die Bienen beobachten und unterstützen, behandeln und notfalls einfüttern, wenn nicht genügend Tracht zum richtigen Zeitpunkt vorhanden ist.

Die Bienenkiste ist mit einem Meter Länge kein leichtes Mädchen!

Ein Blick in eine voll ausgebaute Bienenkiste.

Ein Manko der Kiste ist sicherlich, dass man sie zum Öffnen aufstellen und hinten sichern muss. Diese Kisten können sehr, sehr schwer werden.

Die Sicht in die geöffnete Kiste ist atemberaubend. Man blickt quasi ins Herz eines Bienenvolkes. Im Inneren Naturwabenbau und ein kleiner Bereich, wo Honig als Tropfhonig geerntet werden kann. Wabentausch ist unmöglich, weil es keine Oberträger gibt. Im Dreijahresrhythmus sollten alle Waben herausgeschnitten werden, bevor die Kiste zur Viren- respektive Sporenschleuder wird. Futterkranzproben und Varroabehandlungen sind obligatorisch. Das Einfüttern ist für den Anfänger mitunter schwierig, weil die Volks- und Futtergröße häufig falsch eingeschätzt werden. Auch mit dieser Beutenform muss man imkern können. Und sie ist absolut kein Modell für Anfänger. Wenn Sie mit dem Gedanken spielen, mit einer Bienenkiste zu starten, suchen Sie sich einen passenden Imkerpaten dazu, der Sie die ersten Jahre begleitet!

Wichtig!

Das Aufstellen niemals allein bewerkstelligen, holen Sie sich bitte immer Hilfe dazu. Eine Katastrophe wäre es, wenn die Bienenkiste im geöffneten Zustand kippt. Die Folge: Stiche auf Ihrer Seite und ein zerstörtes Wabenwerk auf Seiten der Bienen, also nur Verlierer.

Eine Einraumbeute mit einem tollen, regensicheren Überbau.

Die Einraumbeute

Diese Beutensysteme sind wunderbar naturnah. Es handelt sich um große, längliche Holzkisten, bestückt mit meist ungedrahteten Rähmchen. Viele arbeiten dort mit dem Schied, um die Volksgröße dem Raum anzupassen, was für einen Anfänger, der keine Ahnung hat, wann ein Volk groß oder auch nicht, mitunter sehr schwer zu beurteilen ist.

Es gibt dort keine Honigzargen, die aufgesetzt werden, worüber sich unser Rücken freut. Die Honigwaben befinden sich im Anschluss an die Brutwaben auf gleicher Höhe. Die Bienen können, wenn ohne Schied gearbeitet wird, selbst entscheiden, was sie wo einlagern. Auch hier kann mit dem eigenen Honig eingefüttert werden. Alles, was die Bienen nicht brauchen, können wir uns nehmen, so der Deal. Da auch diese Rähmchen nicht gedrahtet sind, gibt es bei der Honigernte Tropfhonig. Dazu finden Sie auf Seite 93 nähere Informationen.

Die Einraumbeute hat einen geschlossenen Boden mit wenigen Lüftungslöchern. Obenauf befindet sich immer ein Wachstuch und eine Dämmplatte unter dem Metalldeckel. Wandern wird mit dieser riesigen Beute sicherlich keiner, beim naturnahen Imkern ist das aber auch nicht vorgesehen.

Die Warré-Beute

Eine der niedlichsten Beuten überhaupt, hat aber tatsächlich ein Mann erfunden. Es handelt sich um eine kleine Magazinbeute mit Naturwabenbau und Oberträgerleisten. Sie besitzt viele kleine Zargen. Es gibt ein optisch ansprechendes Walmdach und eine Kissenzarge zur Isolierung. Das System der Beute, unten neue Zargen geben zum Ausbauen, oben volle Honigzargen abnehmen, ist ein rollierendes. Nachteil: Die Bienen bauen hier meist katastrophalen

Eine der schönsten Beuten überhaupt, die Warrè-Beute.

Naturwabenbau, der ein Ziehen der Waben unmöglich macht. Hier muss nach dem Einsiedeln der Bienen jede Woche zwingend kontrolliert und notfalls eingegriffen werden, wenn die Bienen mal wieder Querbau errichtet haben. Die Zargen lassen sich nur abnehmen, wenn man sie vorher – wie ein Töpfer den Ton – mit einem Drahtseil abtrennt. Honigernte: nur Tropfhonig. Da die Beute räumlich sehr klein ist, schwärmen die Völker hier gern ab. Warré-Beuten sind nicht einfach in ihrer Bearbeitung, also immer hübsch am Ball bleiben, dann wird es was.

Strohkörbe: Der Lüneburger Stülper

Mit den Strohkörben lässt sich hervorragend naturnah imkern. Stroh ist sehr leicht und die Körbe sind wunderbar handlich. Beim Durchsehen kippt man sie nach vorn und nimmt sie dann einfach in den Arm. Gezogen werden kann hier gar nichts. Wer gucken möchte, klappt ganz zart die Waben mit dem Stock–

Ein Bienenkorb geflochten aus Roggenstroh.

meißel auseinander. Frisch besiedelte Körbe niemals kippen, weil die Naturwaben herausreißen, besonders wenn es sehr warm ist. Um Wabenbruch zu verhindern, arbeitet man beim Korb mit Speilen, die aus Rosenholz gefertigt werden.

Die werden als Querstreben in den Korb gesteckt und stabilisieren so den Naturwabenbau. Um den frisch besiedelten Korb von unten abzudichten, lege ich am Anfang gern ein Baumwollseil unten um den Korb herum, damit sich keine Räuber reinschleichen können. Die Lücken mit Stroh auszustopfen geht auch, ist aber unschön, wenn man den Korb nach dem Ankippen wieder aufsetzen möchte.

Die Speile sorgen dafür, dass bei den Durchsichten die Waben nicht herausbrechen.

Früher haben hier in Norddeutschland die Heideimker mit den Körben gearbeitet. Deren Betriebsweisen unterschieden sich ganz erheblich von den heute gelehrten Betriebsweisen. Wer neugierig ist, sollte sich mal diverse Literatur darüber zu Gemüte führen. Die Völker sind mehrfach im Jahr geschwärmt, wurden aber quasi direkt am Korb wieder eingefangen. Schwarmfangsäcke gibt es noch heute im Imkerfachhandel zu kaufen. Um keinen Schwarm zu verpassen, hatte man früher einen Opa im Schaukelstuhl vor den Bienen geparkt. Er saß dort Pfeife rauchend und hielt Schwarmwache. Wenn Bienenkörbe „ein Gesicht bekamen“, ging es los. Schwarmfangbeutel davorgesteckt, anschließend unten verschlossen, ab in den Schatten gehängt und den Schwarm am Abend in einen neuen Korb gegeben. Man hat früher mit seinen Bienen zusammen gelebt. Die Imker haben instinktiv gearbeitet und eingegriffen, ein Schwarm, der nicht eingefangen werden konnte, war ein herber Verlust, das konnte sich damals keiner leisten. Bei den Honigernten wurden die Bienen abgestoßen, sie bekamen eine Kelle Zuckerwasser auf die Rübe, dann wurde der Korb auf einen anderen leeren gesetzt und so aufgestaucht, dass alle Bienen von oben nach unten gepurzelt sind. Anschließend wurden alle Waben herausgeschnitten, sortiert und ausgepresst. Das Volk im leeren Korb wurde gefüttert, damit schnell neue Waben gebaut werden konnten.

Nach wenigen Wochen bauen die Bienen den Korb voll aus.

Das bedeutet, dass bei der Honigernte alle Waben komplett zerstört worden sind, auch die Brutwaben. Reichlich brutal, wie früher eben vieles war.

Ich imkere seit vielen Jahren immer mal wieder mit Körben, allerdings völlig anders als die Lüneburger Betriebsweise dies vermittelt. Ich logiere gerne Schwärme in die Körbe und füttere sie mit eigenem Honig, bis der Korb kom-

Extratipp

Alle drei Jahre entferne ich während der Frühjahrstracht alle Waben, bilde einen Kunstschwarm und fange von vorn an. Warum? Die Waben sind dann zu dunkel geworden, werden langsam zum Hygieneproblem und gehören ausgeschmolzen. Alles, was ich an Honig retten kann, presse ich dann aus. Dieser Honig ist sooooo lecker, ein Schatz, den ich niemals verkaufen würde.

plett ausgebaut ist. Die Bienen haben dafür Zeit von Mai bis in den Herbst hinein. Den Sommerhonig sammeln sie und lagern ihn als Winterfutter ab. Ich kippe den Korb ab und an, um zu schauen, was die Damen so treiben. Nach dem Abschleudern meiner Wirtschaftsvölker (ja, tatsächlich, so etwas habe ich auch) behandele ich die Körbe gegen die Varroa, wenn ich das nicht schon beim Einsiedeln gemacht habe. Die nächste Varroabehandlung steht dann erst im Winter mit Oxalsäure an. Weitere Eingriffe finden bei meinen Körben nicht statt, weil ich dort keinen Honig ernte. Wobei das nicht ganz korrekt ist, da ich regelmäßig auch bei meinen Korbvölkern Futterkranzproben ziehe.

Im zweiten Jahr der Korbvölker kommt es dann garantiert zum Schwarm. Wenn ich Glück habe und zur richtigen Zeit an meinen Bienen bin (in Ermangelung eines Opas, der Schwarmwache hält), fange ich den Schwarm ab.

Der Korb wird mit Kuhdung/ Maibutter eingestrichen.

Wenn Sie mit einem Korb imkern möchten, kaufen Sie sich einen alten, geflochtenen aus Roggenstroh. Die neuen sind viel zu dünn geflochten und lassen die Völker im Winter erfrieren. Jeder Korb muss beim ersten Besiedeln im Mai von außen mit Maibutter (Kuhfladen von den ersten Weidetagen der Kühe nach dem langen Winter) eingestrichen werden.

Das dient zur besseren Isolierung und desinfiziert! Keine Angst, nach dem Abtrocknen verschwindet der Kuhduft. Bitte diese Körbe absolut trocken stellen, am besten auf ein Regal in Bauchnabelhöhe (in eine Lagd: ein halboffener überdachter Bienenstand mit Regalbrettern), damit sie einfach angekippt und in den Arm genommen werden können.

Wer in Körben imkern kann, kommt auch mit jeder anderen Beutenform klar. Bei den Körben kommt es sehr stark auf das Beobachten an, regelmäßige Fluglochbeobachtungen, Gemülldiagnose und ein Haufen Fingerspitzengefühl. Dazu eine gute Kofferwaage zum Wiegen am Ende des Sommers, um das Gewicht zu ermitteln, damit notfalls noch nachgefüttert werden kann. Angestrebt werden sollte ein Überwinterungsgewicht von ungefähr 16 Kilogramm.

> Imkern in Körben ist eine Königsdisziplin und absolut nichts für Menschen ohne Imkerwissen. Wer die Bienen im Korb nicht vernünftig durchs Jahr begleitet, erleidet Schiffbruch.

Auf der anderen Seite ist das Korbimkern sehr günstig. Ich benötige außer Körben (pro Volk vier Stück) fast gar nichts. Keine Rähmchen, Mittel-

Die Maibutter muss gut in der Sonne trocknen.

Zum Schluss wird der Korb auf den Kopf gestellt, damit der Rand trocknen kann.

wände, Zargen, Deckel, Böden, Honigschleuder, Entdecklungsgeschirr usw. ... Auf der anderen Seite ist hier das Hobby Imkern auch nicht sehr lukrativ, weil Honigernten von Korbvölkern sehr, sehr aufwendig ist.

Traditionell wurde der Korb, der sogenannte Lüneburger Stülper, hauptsächlich bei der Heidehonigernte eingesetzt. Auch heute noch ist Heidehonig eine Spezialität und sehr hochpreisig (auch der aus Magazinbeuten geerntete). Bei der Heidehonigernte muss jede einzelne Zelle gestippt werden, da er geleeartig ist und sich sonst nicht aus den Zellen schleudern lässt.

Wer sich jetzt nicht hat abschrecken lassen, dem wünsche ich viel Vergnügen und Erfolg beim Imkern mit Körben. Einen Versuch ist es wert, da hier meines Erachtens wunderbar naturnah geimkert werden kann.

Die gekäfigte Königin wird in dem Korb eingehängt.

Jetzt wird der Schwarm in den Korb eingeschlagen.

Die ersten Wabenanfänge werden von den Bienen angebaut.

Die Bienenkugel

Beim Imkern mit der Bienenkugel geht es rund: außen ein schwerer Holzklotz, innen ein runder Brutraum, der mit Rähmchen besetzt ist. Das Tolle an der Bienenkugel ist, dass sich die runden Rähmchen ziehen lassen, obwohl die Bienen diese mit Naturwaben ausbauen. Die Bienen leben innen wie im ursprünglichen Habitat, dem hohlen Baum. Die ursprüngliche Bienenkugel hat einen Innenraum mit circa 40 Liter, keine kalten Ecken und bietet somit ein wunderbar trockenes Heim für die Bienen.

Die Bienenkugel hat eine Habitatschublade, in der sich ein wunderbares Mikroklima aufbauen kann und wo sich sogar der Bücherskorpion wohlfühlt. Der Erfinder der Bienenkugel, Andreas Heidinger, hat die Bienenkugel mittlerweile weiterentwickelt. Heute sind seine Beuten länglich und bestückt mit gleichgroßen, runden Rähmchen, was den Wabentausch sehr erleichtert.

Die Bienenkugel ist absolut geeignet, um naturnah oder sogar wesensgemäß zu imkern. Die Urkugel lässt sich zudem mit einem Honigraum von Magazinbeuten bestücken, um dann auch Honig ernten zu können. Ableger bilden funktioniert hier nur als Schwarmvorwegnahme. Dazu sucht man die Königin heraus, käfigt sie und bindet den Käfig an einen auf dem Boden liegenden Schwarmfänger. Dann werden darauf die Bienen von allen Waben abgefegt. Die Hälfte der Bienen fliegt zurück in die Kugel, der Rest bleibt bei der alten Königin. Den Schwarmfänger kann man anschließend in einen Schwarmfangkasten abschütteln oder gleich in eine neue Beute einlaufen lassen.

Andreas Heidinger, der Erfinder der Bienenkugel.

Naturwabenbau versus Mittelwand

Wer naturnah imkern möchte, kommt um den Naturwabenbau kaum herum. Hier sind die Bienen noch ihre eigenen Baumeister: Sie bestimmen zu 100 Prozent selbst, wie ihre Waben aussehen werden und was sich darauf wo und in welcher Menge befindet.

Naturwabenbau kostet die Bienen enorm viel Energie, die sie aus dem Honig beziehen. Wer seine Bienen selbst bauen lässt, verzichtet somit auf einen großen Teil des Honigs.

Wachs ist einer der wichtigsten Betriebsstoffe im Bienenvolk. Aus Wachs bauen die Bienen die Waben, in denen sie ihre Brut pflegen, Nektar, Honig und Pollen lagern. Das Bienenwachs ist das Grundgerüst der Imkerei, ohne läuft dort nichts.

Hier haben die Bienen eine Naturwabe im Rähmchen gebaut.

DIE WACHSFABRIK IM BAUCH DER BIENEN

Arbeiterinnen sind erst ab dem zwölften bis 18. Lebenstag in der Lage, Wachs zu produzieren, indem sie es ausschwitzen: Sie haben in ihrem Hinterleib acht Wachsdrüsen, die jeweils aus 10 000–20 000 Drüsenzellen bestehen. Sind diese voll entwickelt, können sie Wachs produzieren. Es tritt dann auf der Unterseite des Hinterleibs aus und erstarrt dort zu kleinen, farblosen Wachsspiegeln, die mit dem bloßen Auge erkennbar sind. Eine Wachsschuppe wiegt 0,0008 Gramm und ist etwa 1 Millimeter dick. 1 Kilogramm Wachs besteht aus 1,25 Millionen Wachsplättchen und kann 30 Kilogramm Honig speichern.

Die Baumeister-Biene trocknet die ausgeschwitzten Wachsspiegel.

Für das Herstellen von 1 Kilogramm Bienenwachs benötigen die Bienen mehr als 4 Kilogramm Honig. Wenn wir im Frühjahr einen Schwarm in eine neue Beute einlaufen lassen, werden die Bienen den gesamten Frühjahrshonig für den Bau ihrer Waben verbrauchen. Dieses frische Wachs ist erst durchsichtig, nach dem Trocknen dann weiß. Erst wenn die Biene es mit ihren Mandibeln zerkaut und mit Enzymen aus den Mandibeldrüsen und Karotin aus dem Pollen vermischt, wird es gelblich. Je jünger die Naturbauwabe, desto weißer ist sie. Nach dem mehrmaligen Umbauen und Benutzen wird sie zunehmend dunkler, bis sie eines Tages schwarz ist.

Extratipp

Wenn Sie die Bienen in die neue Beute einlaufen lassen, sollten Sie die Rähmchen-Oberträger zuvor auf der Unterseite mithilfe eines Pinsels mit flüssigem Wachs bestreichen. Dann haben die Bienen eine Baurichtung. Wenn Sie das nicht machen, kann es passieren, dass die Bienen quer bauen und sich somit die Rähmchen nicht mehr ziehen lassen.

NATURWABENBAU, DIE WUNDERTÜTE DER BIENENARCHITEKTUR

Am Anfang macht es Sinn, schon nach ein paar Tagen den Ausbau der Waben zu kontrollieren und notfalls tatsächlich korrigierend einzugreifen. Ist eigentlich nicht mein Ding, aber hier können wirklich richtige Probleme entstehen, wenn man nicht aufpasst. Gibt man jedoch den Bienen die Baurichtung mit Wachs vor, bauen sie brav innerhalb der Rähmchen.

Wer von Mittelwänden auf Naturwabenbau wechselt, muss sich das Imkern neu aneignen. Nicht nur das Aussehen ist anders, auch das Handling muss neu gelernt werden. Die Naturwaben sind wesentlich dünner ausgezogen als Mittelwände, was dazu führt, dass die Waben viel filigraner und empfindlicher sind. Wir können die Rähmchen nicht wie gewohnt zum Betrachten kippen: Wer das macht, erleidet Schiffbruch. Denn die Wabe wird aus dem Rähmchen

Eine Drohnenwabe. Hier legt die Königin die unbefruchteten Eier hinein.

herausreißen und auf den Boden klatschen. Naturwaben können nur gerade gezogen und auch so betrachtet werden. Etwas fester werden sie, wenn man die Bienen in gedrahteten Rähmchen bauen lässt. Besonders empfindlich sind Naturwaben, wenn es sehr warm ist, dann muss man sogar beim Ziehen enorm vorsichtig sein. Auch frisch ausgebaute Körbe kann man in den ersten Wochen nicht kippen, alle Waben würden herausreißen. Genauso vorsichtig verfahren Sie bitte auch bei der Bienenkiste: Diese sollte in den ersten Wochen nicht geöffnet werden. Je öfter die Waben dann umgebaut oder bebrütet werden, desto stabiler wird der Naturbau.

Ungedrahtete Honigwaben können nicht geschleudert werden, sie würden sofort zerbrechen. Naturwabenbau unterscheidet sich massiv von ausgebauten Mittelwänden. Beim Naturwabenbau beginnen die Bienen sich in der Mitte am Rähmchen oben aufzuhängen, sie bilden Bauketten, eine Art lebendiges Baugerüst. Dann kleben die ersten Bienen unten am Oberträger Wachspunkte und bauen dort Wachsbrücken. Manchmal fangen mehrere Bautrupps auch mit Abstand zueinander an zu bauen. Überall dort, wo sie sich dann treffen, gibt es in den Waben eine Art Naht. Die am oberen Rand befindlichen Zellen sind meist sehr groß (zum Lagern von Honig und Pollen), nach dem oberen Drittel werden die Zellen dann kleiner (für die Arbeiterinnenbrut).

Naturwaben, in denen ausschließlich Honig eingelagert wird, werden von den Bienen fest mit dem Unterträger verbaut. So erhalten die Waben eine höhere Stabilität, die Bienen wissen, dass diese hier benötigt wird, ganz instinktiv.

Übrigens

Brutwaben werden meist nicht mit dem Unterträger des Rähmchens verbaut, damit sie für die Tänze besser schwingen können. Unsere gedrahteten Rähmchen sind für die Bienentänze nicht das Optimum, weil sie fast starr sind, die Bienen können den Tänzerinnen dort wesentlich schlechter „zuhören".

MÄNNERRUNDEN IM BIENENSTOCK

Extra Drohnenrähmchen im Naturwabenbau einzusetzen, macht keinen Sinn. Die Bienen bestimmen hier selbst, wann, wo und in welcher Anzahl sie ihre Drohnenzellen bauen. Meist starten sie damit erst in ihrem zweiten Jahr. Im ersten Jahr nach dem Einlogieren wird zunächst das Volk aufgebaut.

Naturwabenvölker schwärmen meist erst ab dem zweiten Jahr. Dann beginnen sie im Mai mit dem Bauen von Drohnenzellen. Diese befinden sich meist im mittleren Bereich des Volkes, gern handtellergroße Bereiche auf normalen Arbeiterinnenbrutwaben oder bei Körben gern am unteren Rand der Waben. Da es sich meist um ungedrahtete Rähmchen handelt, können diese sogar problemlos geschnitten werden. Aber Achtung: Nicht alle großen Zellen auf Naturwaben sind Drohnenzellen. Häufig sind es auch Lagerzellen für Honig und Pollen. Die Bienen sind hier sehr kreativ. Naturwaben sind ein echtes Wunder. Lassen Sie sich einfach mal auf dieses Naturschauspiel ein.

Übrigens

Ein kleiner Infoblock zur sechseckigen Wabe: Die Bienen bauen eigentlich runde Zellen, danach erhitzen sie das Ganze. Wie bei einer Seifenblase, die auf andere trifft, springen die Zellflächen dann an die nächsten Zellen und bilden so dort ein perfektes Sechseck. Grandios, oder?

Neue Adresse: Bienenbaum

Hier haben wir die Königsdisziplin, einen mit Bienen besetzten hohlen Baum. Nur dass dieser Baumstamm seinen Einflug nicht etliche Meter über dem Boden hat, sondern leicht erreichbar in Kniehöhe.

Die Honigbienen haben seit jeher in diesem Habitat gelebt. Erst der Mensch hat sie zu sich nach Hause geholt und Beutenformen entwickelt, die ihm das Imkern sehr vereinfacht haben.

Ein hohler Baum bietet den Bienen all das, was sie benötigen: genügend Raum, um für den Winter genügend Honig lagern zu können, runde Innenräume ohne Ecken, damit sich keine Feuchtigkeit dort sammeln kann, die wiederum zu Schimmel führen würde. Die Baumrinde bietet eine wunderbare Isolierung, so dass die Bienen ihr Nest ohne große Anstrengungen perfekt klimatisieren können.

In hohlen Bäumen gibt es zudem meist sehr kleine Einfluglöcher, die sich perfekt verteidigen lassen.

Innerhalb des Baumes sammelt sich am Boden des Nestes alles, was die Damen so fallen lassen. Dort bildet sich nach einiger Zeit ein Mikroklima, das mitunter auch Ameisen anlockt. (Zum Thema Ameisen können Sie gern auf Seite 113 weiterlesen.) Im Winter werden alte, nicht mehr besetzte Waben von Wachsmotten zerfressen, so dass die Bienen im Frühjahr die Nester wieder mit frischen Waben vergrößern können. Sollte das Bienenvolk den Winter nicht überleben, spielen die Motten sogar die Gesundheitspolizei, indem sie alle Waben entsorgen.

BIENENBEHAUSUNG MIT ÖKO-ASPEKTEN

Also, im Prinzip ist der hohle Baum der optimale naturnahe Wohnort der Honigbiene. Leider hat aber auch diese Medaille zwei Seiten. Erstens können Bienen aufgrund der Varroa heute ohne Behandlung nicht mehr überleben, zweitens ist im hohlen Baum eine Honigernte nicht möglich. Was also tun?

Ich habe lange darüber nachgedacht, wie ich meinen Bienen ein besseres, vielleicht auch gesünderes – also naturnahes – Leben ermöglichen kann. Mein Entschluss stand recht schnell fest: Ich habe heute Wirtschaftsvölker in Magazinbeuten und zusätzlich Körbe, Bienenkugeln und hohle Bäume. Durch diese unterschiedlichen Beutenformen und ihr Beimkern versuche ich so Zug um Zug herauszufinden, wo sich die Bienen am wohlsten fühlen. Das ist kein kurzfristiger Versuch, sondern ein langer, intensiver Prozess, den ich seit vielen Jahren begleite und dadurch langsam zu der Meinung komme, meine Bienen besser zu verstehen. Dieses Projekt wird nicht wissenschaftlich begleitet, es gibt keine aussagekräftigen Messwerte oder digitale Aufzeichnungen und auch keine Reinzuchten, sondern lediglich Standbegattungen. Ich beobachte mit allen Sinnen, notiere, verändere Kleinigkeiten und nähere mich so dem erhofften Optimum. Im Winter verliere ich keine Bienenvölker mehr und bin nicht gezwungen, kleine, kranke Völker aufzulösen. Die Gesundheit meiner Völker gibt mir recht, dass ich mich auf dem richtigen Weg befinde. Ich schreibe bewusst Gesundheit und nicht Honigertrag, weil mir der absolut nicht wichtig ist. Dadurch, dass ich auch Magazinbeuten beimkere, kann ich auf die Honigernte in meinen besonderen „Beutenformen" komplett verzichten.

Wie aber funktioniert der hohle Baum, woher bekomme ich ein funktionierendes Exemplar und wie kann ich dann trotzdem gegen die Varroa behandeln und einfüttern, falls notwendig? Wie können die Waben entfernt werden, wie kann ich einen Blick ins Innere werfen, wenn das einmal dringend nötig sein sollte?

Ein hohler Baum mit Guckfenster, mit Blick auf die ersten Naturwaben.

Der Bienenbaum. Mehr Natur geht nicht!

BAUANLEITUNG BIENENBAUM: SO GEHT'S!

Hier kommt die Lösung, eine genial einfache „Gebrauchsanleitung".
Für das Beschaffen eines passenden Baumstammes spricht man entweder mit einem Förster oder höhlt sich selbst einen Stamm aus. Wenn der Förster nett ist, wird er bei den nächsten Fällungen Bescheid sagen, wenn er das von uns Gewünschte findet. Ich bat um einen Stamm mit einem Durchmesser von 60–80 Zentimeter und einer inneren Höhlung von circa 40 Liter.

Der Förster hatte seine Waldarbeiter sogar angewiesen, mir den Stamm nach Hause zu bringen. So kam ich zu meinem ersten Bienenbaum, der jahrelang in ein Schulprojekt eingebunden war.

Mein zweiter Bienenbaum entstand als Weihnachtsgeschenk in Eigenarbeit meines Mannes. Der erste Baum besaß eine Naturhöhlung, der zweite wurde mit der Motorkettensäge ausgehöhlt. Den ersten Baumstamm hatten wir auf der Rückseite angesägt und eine Plexiglasscheibe eingebaut. Der zweite Baumstamm wurde im unteren Drittel noch einmal abgesägt und mit einem Scharnier zum Kippen versehen. So bieten beide Stämme die Möglichkeit, geöffnet zu werden.

Der ausgehöhlte Stamm mit Stufe zum Einlegen der Bausperre.

Der hohle Baum mit Scharnier zum Ankippen.

Oben unter dem Deckel gibt es eine Öffnung zum Füttern.

Die eingelegte Bausperre erleichtert den Bienen das Anbauen der Waben.

Beim ersten Baum lässt sich die Plexiglasscheibe aufschrauben, um dann Honiggläser zum Füttern einhängen zu können. Beim zweiten Baumstamm kann von oben gefüttert und zusätzlich durch Ankippen Varroabehandlungen durchgeführt werden.

Beide Systeme funktionieren sehr gut, wobei ich persönlich dem Kippsystem den Vorzug gebe. Beide Stämme haben einen mit Dachpappe versehenen Deckel, um sie so wetterfest zu machen. Sie stehen auf Gehwegplatten, damit keine Staunässe entstehen kann.

Unter dem Dach, als Abschluss, liegt innen eine zurechtgesägte Bausperre aus Holz auf, an der die Bienen ihre Waben angebaut haben.

Ich habe keine Anfangsstreifen gegeben, die Bienen konnten selbst entscheiden, wie sie bauen wollten. Interessanterweise haben sie die ersten Waben am Einflugloch im Warmbau gebaut, die folgenden dann, aufgefächert bis zur gegenüberliegenden Seite, im Kaltbau.

Meinem zweiten Baumstamm wurde hinten noch ein Guckfenster verpasst. Die Einfluglöcher sind drei Zentimeter groß und befinden sich in 50–60 Zentimeter Höhe.

Das Kontrollfenster im geschlossenen Zustand.

Hier ist das Kontrollfenster geöffnet.

JETZT WIRD EINGEZOGEN

Die Bäume sollten nur in Trachtzeiten besiedelt werden, damit die Bienen selbst auch den dringend benötigten Nektar sammeln können. Nie erst im Sommer besiedeln, weil sie den Sommerhonig dann zum Bauen von Waben verwenden würden, aber nicht zum Einlagern als Winterfutter. So würden sie im Baum während der kalten Jahreszeit verhungern.

Ich besiedele die Stämme am liebsten mit großen Schwärmen, indem ich die Bienen auf einem angelehnten Brett einlaufen lasse.

Jetzt läuft der Schwarm in sein neues Zuhause, die Klotzbeute.

Die ersten Wochen werden sie dann mit Honig gefüttert. Dazu nehme ich das Dach ab und stelle ein umgedrehtes Honigglas mit kandiertem Honig (niemals flüssigen Honig nehmen, der würde aus dem Glas ins Innere tropfen und eine Räuberei auslösen) direkt auf die Bausperre. Die restliche offene Fläche des Stammes muss beim Füttern zwingend abgedeckt werden (Blumentöpfe oder ähnliches).

Solche Honiggläser werden bei starken Schwärmen innerhalb von einem Tag leergeputzt. Ich höre erst auf zu füttern, wenn ich sehe, dass erstens Waben gebaut und zweitens in diesen Waben Honig eingelagert wurde.

Außer dem Füttern gibt es dann erst einmal nichts zu tun. In dieser Zeit beobachte ich immer den Wabenbau und die Stärke des Bienenfluges. Das Flugloch muss nicht eingeengt werden, weil es mit drei Zentimeter sowieso sehr klein ist. Was passiert jetzt im Baum? Die Bienen bearbeiten die Höhle, indem sie alle Unebenheiten abraspeln. Alle Verunreinigungen werden hinausgetragen.

Zum Füttern wird ein umgedrehtes Honigglas mit kandiertem Honig aufgesetzt.

Extratipp

Bitte nur eigenen Honig zum Füttern verwenden, niemals gekauften – der könnte Sporen der Amerikanischen Faulbrut enthalten.

Danach fliegen sehr viele Bienen aus zum Propolissammeln. Diese wird flächig in der ganzen Höhlung ausgebracht – die Bienen lackieren quasi ihre Wohnung von innen. Das dient zur Gesundheitsvorsorge, da Propolis Antibiotika enthält. Außerdem dichten die Bienen mit Hilfe der Propolis alle Ritzen und Spalten ab (sie hassen Zugluft), teilweise verkleinern sie damit sogar das Flugloch. Propolis ist die Wunderwaffe der Bienen!

Wenn wir nach längerer Zeit in den Baum hineinschauen, sind die Wände sehr dunkel geworden und riechen wunderbar, das ist die Propolis-Lackierung.

Gleich nachdem die Bienen in den Baum eingelaufen sind, startet die ganze Mannschaft ihre Wachsdrüsen. Die Bienen müssen innerhalb kürzester Zeit Waben bauen, damit die Königin wieder Eier legen kann. Ein Großteil der Bienen ist also mit Bauen beschäftigt, und da das energetisch sehr aufwendig ist, muss gefüttert werden. Die Bienen hängen sich dazu oben an die Holzbausperre und bauen dort Haftzellen. An diese werden dann sehr große Zellen gebaut, weiter unten werden die Zellen dann wieder kleiner. Die oberen Zellen werden zu Lagerzellen für Nektar und Honig, darunter entstehen Pollenzellen und dann erst die Brutzellen (Arbeiterinnenbrut).

Die Baumbienen bauen im ersten Jahr fast gar keine Drohnenzellen, weil das Volk zum Schwärmen noch zu klein ist. Drohnenzellen werden erst gebaut, wenn es so groß ist, dass es sich teilen möchte. Von daher wird ein Baum auch nie zur Drohnenschleuder, wie viele konventionelle Imker gerne prophezeien. Der Baum darf die ersten zwei bis drei Monate in keinem Fall gekippt werden,

Zum Kontrollieren wird die Beute angekippt.

da der jungfräuliche Wabenbau sonst herausreißen würde. Erst nach einem Vierteljahr bekommen die Waben langsam Stabilität.

Bevor ich die Bäume besiedele, behandele ich die Schwärme gegen die Varroa, damit sie einen guten Start haben. Im Winter wird von oben Oxalsäure aufgeträufelt. Alle paar Jahre schneide ich die Waben heraus, wenn sie zu dunkel geworden sind, und regelmäßig jedes Frühjahr mache ich eine Futterkranzprobe. Das geht hervorragend bei meinem kippbaren Baum.

Mehr Eingriffe als die beschriebenen mache ich nicht. Ich ernte keinen Honig, und gefüttert wird nur beim Wabenaufbau. Alles andere überlasse ich den Völkern. Ich kann durch das Beobachten am Fenster sehen, ob das Volk hungert, und dann füttern. Ich kann beobachten, wie der Totenfall aussieht und ob es viele Varroen im Volk gibt. Ich kann den Gesundheitszustand des Volkes beurteilen, indem ich öfter den Bienenflug beobachte. Und ich darf hoffen, dass ich die Schwärme einfangen kann. Meistens habe ich Glück.

Übrigens

Ich gehöre nicht zu den Imkern, die diese Völker sich selbst überlassen und keine Varroabehandlungen machen. Warum? Weil ich dort, wo ich imkere, viele Kollegen habe. Somit wäre der Versuch einer Reinzucht und die Hoffnung, dass die Bienen sich selbst helfen – indem sie lernen, allein mit der Varroa klarzukommen – ziemlich sinnlos. Das einzige, was passieren würde: Ich wäre ziemlich schnell bienenfrei. Solche Aktionen und Versuche lohnen nur dort, wo Bienenhaltung ein Alleinstellungsmerkmal ist, am besten auf Inseln.

Imkerkleidung – nur was für Feiglinge?

Vorweg ein paar Fakten zum Thema Bienenstich und -gift: Haben Sie das alles schon gewusst? Niemand lässt sich gern stechen, es gibt aber tatsächlich auch Vorteile.

Warum stechen Bienen überhaupt? Sie verteidigen ihre Brut und ihre Vorräte. Eine Biene, die auf einer Blüte sammelt, sticht nicht, man kann ihr sogar ganz sanft dabei über den Pelz streichen.

Ihr Stachel befindet sich am Hinterleib und besitzt Widerhaken. Sticht die Biene einen Warmblüter – also zum Beispiel uns Menschen –, reißt der Stachel an seiner Sollbruchstelle samt Giftblase, Nerven und Muskulatur ab. Der Stachel macht sich dann quasi selbstständig, schiebt sich weiter in unsere Haut hinein und pumpt fleißig Gift in die Einstichstelle.

Die Biene wird aggressiver, wenn sie sticht, sirrt laut und markiert die Einstichstelle mit einem Alarmpheromon. Sie selbst verstirbt, das Pheromon lockt andere Bienen an. Daher sollte die Einstichstelle sofort mit Rauch oder einem anderen stark riechenden Stoff behandelt werden.

Übrigens

Der Stachel der Königin ist fester verankert und hat auch keine Widerhaken. Arbeiterinnen besitzen erst ab ihrem zwanzigsten Lebenstag eine gefüllte Giftblase, die Königin hat diese bereits beim Schlupf, um sofort Rivalinnen töten zu können.

FAKTEN ÜBERS BIENENGIFT

Der Stich einer Biene injiziert mehr Gift als der einer Wespe, weil sich die Giftblase komplett entleert, und hat zudem eine ganz andere Giftzusammensetzung. Daher sind die Folgen meist heftiger. Das Bienengift besteht aus rund 50 verschiedenen Substanzen, deren giftigste die Phospholipase A2 ist. Sie zerstört die Zellwände und wirkt allergieauslösend. Das Peptid Melittin verursacht den Schmerz.

Das Bienengift tötet auch Mikroben, Bienen reiben sich beim Putzen damit ein, es dient somit auch als Krankheitsabwehr. In der Medizin wird es bei uns schon sehr lange zur Behandlung von Rheuma verwendet. Es wirkt durchblutungsfordernd und entzündungshemmend. Auch zur Immunisierung wird es eingesetzt.

Schon gewusst? Eine Biene kann nur Gift produzieren, wenn sie sich von Pollen ernährt.

IMKER KOMPLETT VERPACKT? ANZUG, HUT, HANDSCHUHE

Warum macht es Sinn, sich Imkerkleidung erst an- und dann auch wieder abzugewöhnen? Wann ist sie ein Muss und wann überflüssig? Es gibt durchaus

Übrigens

Heute sollte man davon ausgehen, dass Honigbienen sanft und friedlich sind. Das war allerdings nicht immer so. Vor knapp hundert Jahren wäre kein Imker auf die Idee gekommen, sich Bienen direkt in seinen Garten zu stellen: Weil sie extrem angriffslustig waren und ihr Nest verteidigt haben. Das wurde ihnen komplett abgezüchtet. Dass bei dieser Züchtung leider auch der Putztrieb der Bienen abhandenkam, ist eine andere Geschichte.

Imker, die sich gerne stechen lassen, angeblich bekommt man dann niemals Rheuma – das soll das Bienengift verhindern.

Tatsache aber bleibt, dass bei jedem Stich eine Biene stirbt, und das ist weder nachhaltig noch naturnah. Wenn wir in einem Imkeranzug stecken, haben wir den Innenraum für uns ganz allein, während die Bienen völlig unbehelligt außen an uns herumsummen.

Unsere heutigen Bienen greifen weder an noch verteidigen sie ihr Brutnest. Aber gestochen wird natürlich trotzdem. Bei 50 000 Bienen in einem Stock kommt es schon mal vor, dass eine Biene mit dem linken Fuß aufgestanden ist oder einfach nur schlechte Laune hat. Dazu kommen die Wetterfühligkeit und die üblichen Missverständnisse zwischen Mensch und Insekt. Somit haben wir es meist mit einzelnen Stichen zu tun. Die können aber auch unangenehm sein. Wenn ich in Ruhe eine Durchsicht machen möchte, dauert das halt. Ich möchte nicht hetzen und gern auch mal genau hinschauen. Je länger aber eine Durchsicht dauert, desto eher können die Bienen dann beschließen, dass sie keine Lust mehr haben. Also Zwickmühle.

Mittel zum Vergrämen kommen bei mir nicht zum Einsatz, denn etwas, was von den Bienen nicht gemocht wird, gehört auch nicht in die Beuten hinein. Außerdem sind diese ganzen Mittelchen fettlöslich, wandern gern in das Wachs und später auch als Rückstände in den Honig. Wer trotz alledem mit Nelkenöl arbeiten möchte, kann ein Tuch damit benetzen und sich dieses – statt auf den Beutenrand – einfach um den Hals hängen. Dann kann das Öl nicht in die Beute gelangen.

MUTIG BEIM ENT-ZWIEBELN!

Wenn wir nach ein paar Jahren lockerer im Umgang mit den Bienen geworden sind, verzichten wir automatisch auf das ein oder andere Imkerschutz-Zubehör. Außerdem fühle ich meine Bienen gern, daher lasse ich im Normalfall die Handschuhe weg.

Wer Bienen mit den Fingern fühlt, der quetscht sie auch nicht und ist sehr, sehr vorsichtig beim Arbeiten. Den Anzug kann man im Sommer bei kurzen Durchsichten auch weglassen, gerade wenn es sehr warm ist.

Was ich allerdings selten weglasse, ist mein Imkerhut – der bleibt. Ich habe lange, flusige Haare, in denen sich die Bienen gern verfangen, um mich dann direkt auf den Kopf zu stechen – und darauf habe ich so gar keine Lust. Außerdem verhindere ich auf diese Weise erfolgreich Gesichtsstiche, und die sind und bleiben unangenehm.

Es gibt aber durchaus Arbeiten an den Völkern, bei denen ich mich in die komplette Imkerschutzkleidung schmeiße: das Abernten der Wirtschaftsvölker. Bei der Honigernte gelten andere Gesetze, und daher ziehe ich dabei sogar

Imkerkleidung ist Arbeitsschutz, es geht aber natürlich auch ohne.

freiwillig Gummistiefel an. Hier sind alle in heller Aufregung, Mensch und Insekt. Außerdem klebt Honig, und zusätzlich mit Wachs und Propolis gibt das Flecken auf der Kleidung, bei denen jede Waschmaschine versagt. Die Imkerkleidung ist hier nicht nur Stichschutz, sondern auch Schutz vor Verunreinigungen. Ansonsten stört es mich herzlich wenig, was meine Kollegen zum Vollschutz erzählen, ich mache eh das, was ich für richtig halte. Ziehen Sie also das an, worin Sie sich am wohlsten fühlen, aber lassen Sie die Handschuhe ab und an mal weg. Bienen fühlen ist wichtig und naturnah!

HYGIENE JA – DESINFIZIEREN NEIN DANKE!

Und noch etwas, bevor Sie an die Bienen gehen, Beuten öffnen und Waben ziehen. Bitte desinfizieren Sie sich niemals vorher die Hände. Bienen hassen Alkohol und Desinfektionsmittel, sie reagieren darauf wie ein Stier auf das rote Tuch! Vor Corona wäre vermutlich auch kein Mensch auf diese Idee gekommen. Ich habe das während einer Schulungsveranstaltung erlebt, als ich Waben gezogen und diese an die Teilnehmer weitergereicht hatte, damit sie in Ruhe betrachtet werden konnten. Alle Bienen waren ruhig und friedlich, nur bei der letzten Teilnehmerin setzte sofort ein aggressives Sirren ein, sobald die Wabe von ihr angefasst wurde. Für mich eine völlig neue Situation, die ich so noch nie erlebt hatte. Ich habe die Wabe sofort wieder an mich genommen, und siehe da – die Bienen waren gleich wieder friedlich. Da ich mich fürchterlich gewundert hatte, haben wir das Gleiche noch einmal ausprobiert. Nachdem ich die Teilnehmerin gefragt hatte, was sie in den letzten Minuten vorher mit ihren Händen gemacht hatte, war die Antwort: „Na, desinfiziert!“ Ich war sehr froh, dass mir dies hier passiert war und nicht etwa mit einer Schülergruppe. Händewaschen mit Seife ist ok, aber bitte ohne anschließendes Desinfizieren.

Extratipp

Wenn Sie unbedingt mit Handschuhen imkern möchten, kaufen Sie sich bitte keine aus Leder. Die sind so dick und unförmig, dass man damit keine Biene fühlen kann und so beim Wabenziehen diverse quetscht. Es gibt sehr gute Alternativen, etwa einfache Haushaltshandschuhe mit einem Innenfutter aus Baumwollstoff – so dünn, dass man die Bienen fühlen kann, aber trotzdem stichfest. Ein anderer Pluspunkt: Man kann sie waschen. In der Regel halten sie ein Jahr und sind im Gegensatz zum Lederhandschuh extrem günstig.

Imkerwerkzeug: Gebräuchliches & naturnahe Alternativen

Eine Imkerunart ist es, die Bienen regelmäßig so vollzuqualmen, dass man die Hand nicht mehr vor Augen sieht. Ganz Instagram ist voll davon. Ist man ein echter Kerl, wenn der Smoker qualmt, als ob die Esso brennt?

Keiner braucht das, weder die Biene noch der Mensch: Meist benötigt man den Smoker gar nicht. Ich öffne meine Beuten gern und schaue erst einmal, wie die Stimmung bei den Damen ist. In der Regel kann ich die Waben ziehen, ohne Rauch einzusetzen. Beim Wiederaufsetzen der Zargen arbeite ich allerdings mit ein bisschen Rauch, um die Bienen vom Falz zu vertreiben. Meistens habe ich eine Eierpappe dabei. Die zünde ich an einer Ecke an, lasse sie ein wenig anbrennen und schlage die Flamme gleich wieder aus. Jetzt qualmt die Pappe langsam vor sich hin; im Bedarfsfall nehme ich sie in die Hand und puste einmal darüber, an die Stelle, von der die Bienen sich entfernen sollen. In der Regel ist das völlig ausreichend.

Bitte stets aufpassen, dass die Eierpappe nichts in Brand setzt. Ich lege sie immer auf eine Tonschale und tunke sie nach Gebrauch ins Wasserfass, damit sie keinen Waldbrand auslöst.

Wenn ich heute in der Schulimkerei arbeite, muss ich oft lachen – mit Mundschutz kann man wirklich nicht pusten, es passiert mir trotzdem immer wieder. Kontrolliere ich die Böden und öffne von hinten, bekommen die Bienen auch ein wenig Rauch in den Keller. Ansonsten komme ich fast ohne aus.

Falls Völker sich nicht beruhigen lassen, schließe ich sie lieber und versuche es später noch einmal. Diese Völker lassen sich nämlich auch nicht mit extrem viel Rauch bändigen. Vielleicht ist die Witterung einfach nicht bienenkompatibel?

Übrigens

Früher nahm man gern getrockneten Rainfarn zum Befüllen des Smokers. Nachdem ich allerdings gelesen habe, dass das Zeug auch eine Rauschwirkung entfalten beziehungsweise Vergiftungserscheinungen auslösen kann, verbrenne ich lieber getrocknete Küchenkräuter.

RAUCHEN JA BITTE, DOCH AUF DEN INHALT KOMMT'S AN

Wer unbedingt mit Smoker arbeiten möchte, sollte ihn wenigstens richtig befüllen. Ein No-Go sind Wachsstücke, Zigaretten, Tannenzapfen, feuchte Blätter oder Grillanzünder. Wesentlich besser: Kleintierstreu, Eierpappe oder getrocknete Kräuter. Alles ist erlaubt, was auch uns gefällt.

Zum Befüllen nehme ich eine Handvoll Kleintierstreu – nicht zu stark stopfen – und drehe mit meinen Fingern in die Mitte eine kleine Kuhle. Dorthinein kommen ein paar Eierpappenstücke, diese zünde ich an, warte, bis die Eierpappe ordentlich brennt, und schließe erst dann den Smoker. Zwei- bis dreimal den Blasebalg drücken, fertig. Jetzt sollte er gemütlich vor sich hinqualmen. Wenn er nicht brennt, war die Streu feucht oder die Smokerschnaupe ist dichtgesetzt mit Teerkohle.

In diesem Fall muss der Smoker mal zur Wellness in ein Soda-Bad. Einfach über Nacht einweichen, Blasebalg vorher abschrauben und am nächsten Tag mit einer groben Bürste schrubben. Danach sieht er aus wie neu – wenn er aus Edelstahl ist. Falls nicht, wird es Zeit, sich einen neuen zu besorgen.

Der Gänseflügel. Sanfter kann man keine Bienen abfegen.

HIER WIRD BIENENZART GEFEGT

Es gibt eine ganze Menge Imkerwerkzeug, das meiste davon wird von jedem verwendet, wie etwa Stockmeißel, Wabenheber & Co. Hier stellt sich keine Frage nach „naturnah oder nicht“. Anders sieht es mit dem Bienenbesen aus: Abfegen ist nicht besonders bienenzart. Die meisten Besen haben viel zu harte Borsten, besonders, wenn sie nach der Durchsicht nicht gesäubert werden. Dann sind sie verklebt und so hart, dass man damit Bienen beim nächsten Abfegen umbringt.

Eine echte Alternative wäre es, einen Gänseflügel zum Abfegen zu benutzen. Der Gänseflügel fegt die Bienen so zart von der Wabe, dass sie es kaum bemerken. Sie danken es einem, indem sie nachher genauso ruhig wie vor dem Abfegen sind. Der Gänseflügel kann hinterher einfach in die Regenwassertonne getaucht werden. Ausschlagen, zum nächsten Einsatz ist er wieder trocken. Man bekommt ihn dort, wo Gänse gezüchtet werden, meist im Herbst und ganz umsonst.

Durchsichten ohne Zeitdruck

Ich habe es am eigenem Leib erfahren: Die nächste Durchsicht stand an – und mir graute davor. Wenn ich nur daran dachte, tat mir schon der Rücken weh. Tatsächlich war ich mitten in der Saison so weit, dass ich meine Bienen am liebsten abschaffen wollte.

Wie kam es dazu, und wie konnte ich das Ruder noch herumreißen? Meine Imkerei war in den letzten Jahren stetig gewachsen, aber nicht nur diese, sondern auch meine diversen Schulprojekte. Frei nach dem Motto „Mehr Biene geht immer" wurden es halt mehr und mehr Beuten. Jeder hat eine andere Belastungsgrenze, meine war offensichtlich überschritten. Meine Helfer hatten sich zu dieser Zeit rar gemacht, meine Schüler waren alle auf Klassenreise, also stand ich mal wieder ganz allein am Bienenstand. Nicht nur dieser musste beimkert werden, auch zu Hause wollten meine Bienen bearbeitet werden. Dann kam in den Schulen noch Sanierungs- und Bauarbeiten dazu, so dass ich Hals über Kopf den Stand dort abbauen musste. Ich hatte von jetzt auf gleich keine Möglichkeiten mehr, mit den Schülern an den Bienen zu arbeiten, da auf unserem Stellplatz Erdarbeiten und an den Gebäuden Sanierungen geplant waren. Am Bienenstand parkte ein Bagger, so groß wie das Raumschiff Enterprise. Wer in Schulen arbeitet, kennt den Spaß, keine Vorwarnungen, Flexibilität ist Voraussetzung. Was tun, sprach Zeus?

Ich habe die Notbremse gezogen und die Schulimkerei bis auf weiteres aufgelöst, die Bienen fähigen Kollegen gegeben und mich erst einmal auf meine eigenen Bienen konzentriert. Und siehe da, ohne den Stress im Rücken brachte das Imkern auf einmal wieder Spaß.

IMKER: „HONIG IST ALLES!" BIENE: „ODER AUCH NICHT?"

Jeder sollte sich in so einer Situation fragen: Was ist mir wirklich wichtig? Mir waren meine Bienen wichtig. Honig ist zwar lecker, sollte aber nicht das wichtigste Kriterium sein. Ein Bienenvolk produziert im Schnitt pro Jahr zwischen 25 und 50 Kilogramm Honig. Wer soll das denn alles aufessen? So viel Honig isst noch nicht mal mein Mann.

Wenn ich viel Honig ernte, muss ich mich auch um den Verkauf kümmern. Doch dazu habe ich eigentlich herzlich wenig Lust. Also habe ich mir den Luxus gegönnt und einen Teil meiner Bienen aus den Magazinbeuten in alternative Beutenformen einlogiert. 2010 begann ich mit der Bienenkugel, dann folgte eine Klotzbeute, ein Korb kam dazu, eine Warré-Beute (die ich mittlerweile weitergegeben habe) und einiges anderes. Das ist bis heute so, vier Magazin-

Mit Ruhe und Genuss kann man wunderbar eins mit den Bienen werden.

beuten sind mir geblieben, und nur dort wird dann der Honig geerntet. Für mich ist das der richtige Weg gewesen.

STRESS VERBOTEN: JEDER IM EIGENEN ARBEITSTEMPO

Man kann aber noch andere Dinge ändern. Ich gehe zum Beispiel niemals unter Zeitdruck an die Bienen. Die Bienen merken das und stellen dann allerlei Unsinn an, um uns noch zusätzlich zu ärgern. In der Regel gehe ich erst mal mit einer Tasse Tee an den Stand, setze mich seitlich davor und schaue den Damen beim Einfliegen zu. Das bringt einen so herrlich runter. In der Nase den Bienenduft, in der Hand die Tasse Tee, so starte ich meinen Bienenbesuch.

Ich habe zwar jedes Mal mein Handy für Notfälle dabei, aber auf lautlos gestellt. Diese Zeit gehört ganz allein mir und meinen Bienen.

Wenn ich genug geguckt habe, schmeiße ich mich in meine Imkerklamotten (oder auch nicht, je nachdem, welche Arbeiten anliegen). Mein Arbeitstisch wird an die Beuten gestellt, das Werkzeug daneben und natürlich das benötigte Material, das ich mir beim letzten Mal am Stand notiert hatte. Wer so organisiert an den Stand geht, ist wunderbar vorbereitet.

Nun erst öffne ich die erste Beute und fange an, die Bienen durchzuschauen. In Ruhe werden die Rähmchen gezogen. Am besten die Randrähmchen an einen Halter hängen, damit sie nicht kippen. Auch das würde für viel Unruhe sorgen. Ich habe mir dafür extra an meinen Bienenstand Winkel geschraubt, dort wird das erste Rähmchen angehängt. Jeder sollte sich so viel Zeit beim Durchsehen nehmen, wie er braucht. Und bitte immer auf die Temperaturen achten: Wenn es kalt ist, sollte der Besuch nur kurz dauern, bei mildem Sommerwetter sagen die Bienen schon rechtzeitig Bescheid, wenn ihnen die Durchsicht zu lange dauert. Möglichst langsame Bewegungen, die Durchsichten sollten sich anfühlen wie eine Yogastunde, fließend und genießend.

Beim Heben die Gewichte nah am Körper halten und niemals drehen. Wer nicht heben möchte, stellt Leerzargen auf den Tisch und hängt die Rähmchen um, statt die ganzen Zargen zu heben. Wenn ich merke, dass ich ermüde und keine Lust mehr habe, sollte ich zugunsten der Bienen eine Pause machen oder die Durchsicht an einem anderen Tag zu Ende bringen.

Extratipp

Besonders im Sommer, wenn es richtig heiß ist, sollte man unbedingt Pausen einplanen, am besten natürlich zwischen den einzelnen Völkern. Wer gemütlich imkern möchte, muss im Sommer für Beschattung am Bienenstand sorgen. Wer kein Dach bauen will, nimmt einen großen Sonnenschirm mit zum Stand. Hört sich ulkig an, lässt einen aber einen kühlen Kopf bewahren. Umgekehrt kann auch ein Regenschirm gute Dienste leisten, wenn es wie in Hamburg mal zwei Wochen am Stück regnet.

Wenn ich richtig mit dem Kopf in den Bienen stecke, im Flow, vergesse ich Ort und Zeit. Ich rieche, sehe, höre mit allen Sinnen und genieße meine Bienen. Mit Produktivität hat das alles herzlich wenig zu tun. Ich fühle mich wie Alice im Wunderland und lasse meine Gedanken schweifen. Wenn ich die Durchsichten dann beende, fühle ich mich wie ein neuer Mensch: tief entspannt und glücklich. Genau so sollte das Imkern sein.

Das Gefühl des Eins-Seins mit den Bienen ist nicht erzwingbar, aber wir können die Voraussetzungen dafür schaffen – es lohnt sich.

Honigernte mal anders

Die Honigfrage ist bei allen ökologisch denkenden, naturnah imkernden Menschen gleich nach den Varroabehandlungen die meistdiskutierte Frage. Hier geht es darum, ob man den Honig überhaupt ernten muss oder ihn nicht stattdessen seinen Bienen überlassen kann.

Frühtracht, Sommer- und Spättracht, Honigernte ohne Schleuder, das Volk mit eigenem Honig einfüttern … was geht, was ist ein No-go? Um Imkerlatein zu verstehen, ist es wichtig, vorweg ein paar wichtige Details zum Thema Honig zu erfahren – diese Dinge sollte auch ein naturnaher Imker wissen.

WICHTIGE FAKTEN ÜBER HONIG

Das Grundprodukt für die Honigherstellung ist der Nektar (süßer Blütensaft). Die Biene fliegt zu den Blüten und saugt mit ihrem Rüssel den Nektar aus den Kronröhren der Blüten. Beim Aufsaugen fließt dieser durch die Mandibeldrüsen (Munddrüsen) und durch die Futtersaftdrüse im Kopf der Biene. Passiert der Nektar diese Drüsen, werden von ihnen verschiedene Stoffe (etwa Enzyme wie die Invertase) abgegeben, um ihn zu spalten und dadurch besser verdaulich zu machen. Anschließend fließt der so veredelte Nektar durch den Brustteil der Honigbiene bis in ihre Honigblase (den Sozialmagen), der als Speicherorgan fungiert.

Ist der Honigmagen mit 20 bis 60 Milligramm gefüllt, fliegt die Biene zurück zum Stock. Dort wird sie von einer Lagerarbeiterin erwartet, die ihr ihren Nektar abnimmt. Durch das Weitergeben des Nektars werden jedes Mal weitere Zusatzstoffe aus den Drüsen an den Nektar abgegeben, der so fortwährend hochwertiger wird.

Die Lagerarbeiterin bringt den Nektar zunächst in den Brutraum, weil es dort am wärmsten ist, und erst nach dem Vortrocknen in den Honigraum. Dort lagert sie ihn in den Honigzellen ab. Er wird auch hier noch einige Male umgetragen. Bei jedem Umtragen verliert der Honig Feuchtigkeit: Nektar besteht zu über 70 Prozent aus Wasser, fertiger Honig enthält höchstens 20 Prozent.

Die Lagerarbeiterinnen trocknen den Honig, indem sie ihn auf ihrem Rüsselende – dem Löffelchen – spazierentragen. Anschließend setzen sie sich auf die gefüllten Honigzellen und schlagen mit ihren Flügeln. So trocknen sie den Honig. Erst wenn er unter 20 Prozent Restfeuchtigkeit enthält und lagerfähig ist, verschließen die Bienen die Honigzellen mit Wachsdeckelchen.

Das bedeutet: Die Biene produziert aus Nektar Honig für ihren eigenen Nahrungsbedarf, vor allem, um ihn als Vorrat für die blütenlose kalte Winterzeit zu nutzen. Da die Honigbienen während der Tracht alles an Nektar in ihren Stock bringen, was sie von den Blüten ernten können (weit mehr als sie eigentlich benötigen), nutzt der Imker dies und stellt den Bienen in dieser Zeit einen Extra-Raum zur Verfügung (Honigräume), damit die Bienen den Honig dort lagern können.

Die Biene weiß nicht, wann sie genug für das Überleben des eigenen Volkes gesammelt hat, sie sammelt so lang, wie Platz zum Lagern vorhanden ist. So kann der Imker zur eigenen Verwendung diesen Überschuss ernten und aus den Völkern herausnehmen. So zumindest die Theorie.

HONIG ERNTEN ODER DOCH DEN BIENEN LASSEN?

Die Antwort auf diese schon zu Beginn des Kapitels gestellte Frage, die viele Imker beschäftigt, lautet Ja und Nein – mit dem Zusatz, dass man mit dem falschen Honig als Winterfutter sogar locker ein Volk umbringen kann. Wie aber ist das möglich, wo Honig doch weithin als eines der gesündesten Süßungsmittel – im Gegensatz zu Raffinadezucker – bekannt ist?

Um das korrekt zu erklären, müssen wir uns kurz mit den Basics zum Thema Honig beschäftigen. Honig ist nicht gleich Honig. Jeder Honig besteht aus unterschiedlichen Inhaltsstoffen, die sich hauptsächlich aus Trauben- und Fruchtzuckern zusammensetzen. Im Norden Deutschlands ernten die Imker in der Regel nur zweimal im Jahr Honig: einmal im Frühjahr, die zweite Ernte im Sommer, danach gibt es hier kein ausreichendes Nektarangebot mehr, aus dem die Bienen noch Honig machen könnten.

Übrigens

In Niedersachsen gibt es noch eine dritte Ernte, eine Spättracht: den Heidehonig. In großen Waldgebieten wie dem Schwarzwald und in Bayern folgt als letzte Honigernte noch der Tannenhonig.

Der erste Honig im Jahr enthält einen hohen Anteil an Traubenzucker, der den Honig schnell zum Kandieren bringt. Er wird fest, und, wenn Raps im Spiel war, sogar so fest, das er nicht mehr aus den Zellen zu lösen ist. Weder beim Schleudern noch durch die Biene in den Waben. Verbliebe dieser Honig im Volk, könnten die Bienen ihn nicht als Nahrung nutzen, weil sie ihn nicht anlösen können.

Das bedeutet, dass der Frühjahrshonig, wenn er viel Rapsnektar enthält, unbedingt rechtzeitig geerntet, abgeschleudert, werden muss. Die Bienen würden sonst auf vollen Waben verhungern. Wir müssen unbedingt diesen Rapshonig aus den Völkern nehmen, auch wenn wir naturnah imkern möchten. Alternativ: Den Raps komplett meiden und die Völker so aufstellen, dass sich in deren Flugradius (drei Kilometer) kein Rapsfeld befindet.

Wie aber hat das früher bei den Naturvölkern funktioniert? Da hat ja auch keiner geerntet. Ganz einfache Erklärung: Naturvölker bauen ihre Völker im Frühjahr mit dem Frühjahrshonig auf und verbrauchen ihn dabei. Im Winter haben die Wachsmotten die unbesetzten Waben weggefressen und die Bienen im Frühjahr wieder neue gebaut. Der komplette Frühjahrshonig wurde also verstoffwechselt und nicht abgelagert. Außerdem gab es früher noch keinen intensiven Rapsanbau.

EINFÜTTERN MIT SOMMERHONIG – NICHT UNGEFÄHRLICH

Nun zum Sommerhonig. Dieser enthält zu großen Teilen Fruchtzucker, der extrem langsam kandiert. Imker, die diesen Honig schleudern und nicht animpfen, haben um Weihnachten herum immer noch flüssigen Honig. Somit ist dieser Honig wunderbar geeignet, um damit die Völker einzufüttern. Mit einer

Hier glänzt der frisch eingetragene Nektar in den Zellen.

kleinen Einschränkung – er sollte keinen Honigtau enthalten. Honigtau im Sommerhonig bescheren uns beispielsweise die Lindenläuse. Honigtau ist extrem mineralstoffreich, somit sehr gesund für uns Menschen. Für unsere Bienen wiederum kann er zum Problem werden. Denn je mehr Mineralstoffe ein Honig enthält, desto mehr Abbaustoffe landen in der Kotblase der Biene. Und genau das kann ihr zum Verhängnis werden: Die Bienen hängen in der kalten Jahreszeit in der Wintertraube. Sie können zum Abkoten den Stock nicht verlassen, sie sammeln den Kot in ihrer Kotblase. Irgendwann ist diese Kotblase so stark gefüllt, dass sie den ganzen Hinterleib ausfüllt. Wenn das Winterfutter (Honig) extrem viel Mineralstoffe enthält, kann die Biene irgendwann den Kot nicht mehr halten und, bevor sie platzt, bekotet sie die Waben.

Weil Bienen extrem reinliche Insekten sind, würden sie alles wegputzen und so weiter im ganzen Stock verteilen, unter anderem beim Füttern der Larven. Ein Teufelskreislauf entsteht, das Ende wären Durchfallerkrankungen wie Ruhr und Nosema, was zum Absterben der Völker führen könnte. Der Imker aber wollte den Bienen unbedingt den eigenen Honig belassen.

Bemerken Sie den Fehler? Also, um es ganz einfach zu erklären: Bienen können nicht mit jedem Honig eingefüttert werden. Allgemein sind die Sommerhonige die geeigneteren, aber nur, wenn sie nicht zu viele Mineralstoffe enthalten. Späte Trachten sind demzufolge ungeeignet zum Einfüttern.

Somit dürfen Sie also tatsächlich Honig ernten, auch oder gerade, wenn Sie naturnah imkern möchten. Sie ernten den Frühjahrshonig, um Ihre Völker zu schützen.

HONIGERNTE AUS NATURWABEN: SO GEHT'S

Wer naturnah imkert, benötigt in der Regel auch keine Honigschleuder, da die Bienen dann bei Ihnen sehr wahrscheinlich Naturwaben gebaut haben. Egal welche Rähmchen Sie in Ihren Beuten verwenden, vermutlich werden sie keine Drähte haben. Naturwaben zerbrechen in der Schleuder durch die Zentrifugalkraft. Von daher müssen Sie den Honig mit anderen Techniken ernten. Eine davon ist es, die Waben herauszuschneiden und dann auszupressen. Am einfachsten geht die mit einer Spindelpresse und einem Presssack. Diese Pressen bekommen Sie im Imkerhandel oder im Weinbedarf, die Presssäcke dito.

Die so gewonnenen Honige sind sehr kräftig im Geschmack, weil sie einen hohen Pollen- und Wachsanteil besitzen.

Extratipp

Wenn Sie mit anderen Beuten imkern, meiden Sie Spättrachtgebiete. Das mit dem Frühjahrshonig bewerkstelligen die Völker meist ganz allein, indem sie meist weniger Platz zum Ablagern von Honig in ihren Beuten haben und dementsprechend schwärmen. Ein Schwarmabgang dezimiert die Honigmenge im Volk drastisch, da die Schwarmbienen den Großteil davon mitnehmen. Wenn Sie eine Beute im Mai frisch besiedeln, wird der Frühjahrshonig vom Volk komplett für den Wabenbau verbraucht.

Tropfhonig braucht Ruhe und Geduld. Mit dem Dreibein funktioniert es ganz wunderbar.

Die andere Alternative wäre Tropfhonig. Diese Ernteart ist etwas für Geduldige. Statt die Honigwaben in die Presse zu geben, besorgen Sie sich ein sehr feines Nylon-Spitzsieb und einen Dreibein-Ständer (erhältlich im Imkerfachhandel). Die Honigwaben werden dann in eine große Schüssel gegeben und mit einem Kartoffelstampfer kleingestampft. Die so entstandene Honig-Wachs-Masse geben Sie in das eingehängte Spitzsieb, stellen eine große Schüssel drunter und schauen jetzt dem Honig beim Laufen zu. Das ist Tropfhonig.

Das Ablaufen des Honigs dauert eine ganze Zeit. Stellen Sie das Sieb am besten in einen trockenen, warmen (bei maximal 25 Grad Celsius), geruchslosen Raum, wo es in Ruhe einige Tage stehen kann, bis der ganze Honig herausgetropft ist. Immer die Schüssel im Auge behalten, dass nichts überläuft.

Das ist Honigernte für relaxte, entspannte Imker. Mit diesem Erntesystem lassen sich ganz hervorragend kleine Mengen Honig ohne großen Aufwand gewinnen.

Königinnenvermehrung und Standbegattung

Warum kaufen, wenn man's auch selbst machen kann? Ein kleiner Kurs zum Vermehren von Königinnen: Material und Abfolge vom Stift zur Königin: genial einfach!

Die wesensgemäße Bienenhaltung lehnt künstliche Königinnenzucht ab und gestattet die Vermehrung der Völker nur über den Schwarmtrieb. Die naturnahe Bienenhaltung ist nicht klar definiert, wir können hier selbst entscheiden, wie strikt wir Dinge ablehnen oder auch nicht.

Künstliche Befruchtung der Königinnen unter dem Aspekt der Reinzucht lehne ich ab. Ich betreibe zwar Zuchtauslese, indem ich meine Völker quer durch das Jahr beobachte und nur von meinem Lieblingsvolk Königinnen nachziehe, aber ich bin keine Züchterin. Ich kaufe keine Königinnen, und ich setze auf Standbegattungen. Das alles widerspricht sich nicht. Ich möchte so nur verhindern, dass ich mir Königinnen von irgendwoher schicken lassen muss, was ich schlicht und einfach als Tierquälerei betrachte. Stellen Sie sich nur vor, dass eine Bienenkönigin in ihrem Käfig durch eine Stempelanlage rauscht. Ich bin für das Regionale, und wenn möglich, mache ich alles selbst, also auch meine Königinnen

WER DIE WAHL HAT, HAT DIE QUAL

Der erste Schritt bei der Königinvermehrung ist tatsächlich das Beobachten Ihrer Völker und die Frage, welche Bienen Sie haben möchten. Besonders fleißige, die kiloweise Honig produzieren? Sanfte, die Sie ohne Schutzkleidung beimkern können? Oder Bienen, die gut mit der Varroa klarkommen? Wenn Sie mehrere Völker besitzen, haben Sie ja Auswahl. Aus Ihrem Favoriten-Volk nehmen Sie den sogenannten Zuchtstoff, die Maden. Bevor Sie aber loslegen können, müssen Sie sich noch ein paar Kleinigkeiten besorgen. Sie brauchen, je nach System, ein Leerrähmchen, Adapter, Weiselnapfhalter, Weiselnäpfchen, Käfige und eine Umlarvgabel.

Die beste Zeit im Jahr, sich um die Königinnenvermehrung zu kümmern, ist Ende Mai bis Ende Juni, die Hochzeit der Bienen. Genau dann, wenn sowieso an den Völker das Meiste zu tun ist: Honigernte, Ablegerbildung, Schwärme einfangen etc.

Ich fange damit an, wenn ich bei meinen Magazinvölkern den zweiten Honigraum aufsetze. Ich nutze keinerlei Extra-Beuten, ich mache alles in meinen normalen Magazin-Wirtschaftsvölkern.

SO FUNKTIONIERT'S: DIE PRAXIS

Bevor Sie sich das erste Mal ans Umlarven wagen, sollten Sie üben, ehe sie sonst einen Haufen Maden umbringen. Nehmen Sie eine ausrangierte leere Wabe und befüllen Sie einige Zellen mit Haarshampoo. Das ist kein Witz, Haarshampoo sieht dem Futtersaft der Bienen sehr ähnlich. Ich befülle die Zellen mit einer kleinen Spritze. In diese Zellen lege ich dann mit einer Pinzette winzige Perlen aus dem Bastelgeschäft hinein, Rocailles funktionieren sehr gut. So bringe ich Anfängern das Umlarven bei. Mit dieser präparierten Wabe können Sie jetzt stundenlang üben.

Wenn Sie sicher mit der Umlarvgabel umgehen können, müssen Sie nun die Zuchtleiste vorbereiten. An den Oberträger werden von innen die Sockelleisten angenagelt und darauf die Adapter gesteckt.

In einer Zuchtleiste (DNM) nicht mehr als neun Stück anbringen, sonst sind sie zu dicht beieinander. Oder im seitlichen Versatz, dann verbauen die Bienen die Zellen nicht. Bereiten Sie dann Ihren Arbeitsplatz

Die Weiselbecher werden in den Adapter hineingedrückt.

Zum Umlarven braucht man gutes Licht und vorbereitete Zuchtlatten.

Eine Wabe mit den jüngsten Larven. Maximal drei Tage alt.

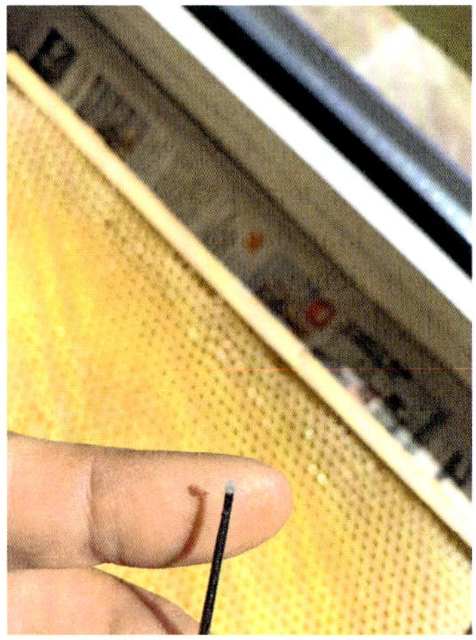

Mit der Umlarfgabel werden die Minilarven vorsichtig aus den Zellen gehoben.

vor, am besten im Haus mit viel Licht, eventuell mit einer Kopfbandlupe. Sie brauchen Weiselnäpfe und einen kleinen Pinsel (Rotmarder Größe 00). Jetzt müssen Sie sich die Brutwabe (jüngste offene Brut) aus Ihrem Lieblingsvolk holen und abfegen. Da das Umlarven etwas länger dauert, bitte das Volk wieder schließen. An die Freistelle der gezogenen Brutwabe ein leeres Rähmchen einhängen.

Auf den Tisch eine Zeitung legen, weil die Wabe mit Sicherheit tropfen wird. Haben Sie die Umlarvgabel gut gereinigt nach dem Übungsdurchlauf, damit sich keine Haarshampoo-Spuren mehr daran befinden? Mit dem Pinsel mopsen Sie sich ein bisschen Gelée royale aus einer der Zellen und bepinseln damit die Böden der Weiselbecher (das verbessert die Annahme). Suchen Sie jetzt nach den jüngsten Maden (maximal drei Tage alt).

Dann versuchen Sie die erste Made aus der Zelle aufzunehmen, immer schön von hinten unter dem Rücken, ohne sie zu verletzen. Anschließend legen Sie diese mittig auf den Boden in einen Weiselbecher. Dann die nächste, bis Sie alle Weiselbecher befüllt haben.

Diese Wabe bringen Sie dann zu Ihren Bienen. Am Stand öffnen Sie den oberen Honigraum eines Volkes und entfernen die beiden Randwaben (meist sind diese sowieso noch leer). Ziehen Sie die Rähmchen dann auseinander, so dass in der Mitte zwei Leerräume entstehen, und hängen Sie dort die Brutwabe und die Zuchtleiste direkt hintereinander ein.

Danach wird das Volk wieder geschlossen. Jetzt heißt es abwarten, ob die Bienen die Zuchtleiste annehmen und pflegen.

Extratipp

Ich hänge meine Zuchtleiste immer in dem Volk ein, das schon in Schwarmstimmung ist und die ersten Spielnäpfchen gebaut hat. Nach 24 Stunden kontrolliere ich die Zuchtleiste das erste Mal. Da ist schon zu sehen, ob die Bienen sie pflegen.

Mit der Umlarfgabel wird die Made in den Weiselbecher gelegt.

Wenn fertig umgeweiselt wurde, wird die Zuchtlatte ins Volk eingehängt.

Neben die Zuchtlatte wird die Umweiselwabe eingehängt.

Erfolgreich angeblasene Weiselzellen.

In den Weiselnäpfchen ist der Futtersaft zu sehen.

Die Weiselnäpfchen werden mit Wachs umbaut und länger gezogen.

Das wäre das Optimum. Wenn alle Näpfchen geleert wurden, möchte das Volk sich nicht vermehren oder Sie haben die Maden beim Umlarven verletzt. Einfach einen neuen Versuch starten.

Nach fünf Tagen, wenn die Weiselzellen geschlossen sind, wird gekäfigt: Ein kleiner Käfig von unten sehr vorsichtig über die Weiselzelle gestülpt, damit die Königinnen sich nach dem Schlupf nicht alle gegenseitig umbringen. Ab jetzt sind die Weiselzellen sehr empfindlich gegenüber Erschütterungen. Also bei Durchsichten diesen Honigraum wie ein rohes Ei behandeln!

Beim Befüllen der Vertiefungen mit Honig muss der Spiegel frei bleiben.

Ist die Weiselzelle unten verschlossen wird gekäfigt.

Nach weiteren acht Tagen schlüpfen, wenn alles funktioniert hat, die Königinnen. Der Schlupf kann sich hinziehen, manchmal auch zwei weitere Tage. Königinnenvermehrung ist Terminsache. Ich muss also da sein, um die erforderlichen Arbeiten an den richtigen Tagen auszuführen, sonst war alles für die Katz'. Wenn die Königinnen geschlüpft sind, sollten sie so schnell wie möglich in Ableger eingeweiselt, in Begattungskästen gesetzt oder abgegeben werden.

Der Begattungskasten ist eine Minibeute, die mit einer Handvoll Bienen und der frisch geschlüpften Königin befüllt wird. Von hier aus soll die Königin zu ihrem Begattungsflug ausfliegen. Ist sie begattet und beginnt Eier zu legen, sollte sie eingeweiselt werden.

Der Zuchtrahmen wird, nachdem die Zellen gekäfigt wurden, wieder vorsichtig eingehängt.

Begattungskästen eignen sich nicht zum Überwintern, unter anderem, weil sie ständig gefüttert werden müssen und außerdem viel zu klein sind. Wer sogenannte Ersatzköniginnen gut über den Winter bringen möchte, kann es auch in den Miniplus-Beuten versuchen. Diese gibt es auch aus Holz zu kaufen.

An dieser Stelle muss ich Abbitte leisten, weil ich tatsächlich Begattungskästen aus Styropor benutze. Ich habe schon viele andere, auch aus Holz, ausprobiert, aber bin eben an diesem Modell hängengeblieben, also Asche auf mein Haupt. Die einzige Entschuldigung, die ich anbieten kann: Der Aufenthalt der Königin mit ihrem Mini-Volk beträgt in der Regel nicht länger als vier Wochen. Trotzdem werde ich weiter nach vergleichbaren Holzbegattungskästen suchen, großes Indianerehrenwort.

Jetzt werden die Begattungskästen vorbereitet.

Gut geschützt und beschattet, werden die Begattungskästen aufgestellt.

Die erste Kontrolle im Begattungskasten ist erfolgreich. Es ist Brut vorhanden!

Ein Blick auf die Wabe im Begattungskasten. Rechts unten ist die Königin zu sehen.

Der eigene Wachskreislauf

Aus Altwaben und Wachsdeckelchen vom Schleudern lässt sich kostbarer Rohstoff gewinnen und umarbeiten. Unbedingt zu beachten ist dabei jedoch die Rückstandsproblematik.

Leider hat unser Bienenwachs meist nicht mehr die Qualität, die wir Imker uns so sehnlich wünschen. Woran aber liegt das? Wachs speichert alle fettlöslichen Stoffe. Des Weiteren muss ich natürlich dezent mit meinem Smoker umgehen, denn auch Rußbestandteile werden im Wachs gespeichert. Andere Dinge, die sich im Wachs wiederfinden, sind Mückenbehandlungsmittel, Sonnencreme, Vergrämmittel, Beutenfarben, Dünger, Spritzmittel aus dem landwirtschaftlichen Bereich und vieles mehr. Alle fettlöslichen Stoffe können sich im Wachs (und somit auch im Honig) ablagern, wenn sie damit in Berührung kommen.

Seit dem Auftreten der Varroamilbe in Europa in den 1970er-Jahren wurden die seltsamsten Stoffe in die Bienenvölker gegeben, um der Milbe Herr zu werden – wie man heute weiß, meist ohne Erfolg. Aber durch diese massiven Eingriffe ist unser Wachs seither mit Rückständen belastet. Noch heute lassen sich Rückstände von hochgiftigen Varroabehandlungsmitteln nachweisen, die seit vielen Jahren in Deutschland nicht mehr zulässig sind oder niemals zugelassen waren. Das macht nachdenklich, ernten wir doch aus diesen Waben Honig, ein natürliches Nahrungsmittel. Was also tun, damit wir auch in Zukunft unseren Honig mit Genuss verzehren können?

Hier schwitzt eine Biene Wachsplättchen aus.

DES IMKERS WOLKE 7: WACHS SELBST GEWINNEN

Das Zauberwort heißt eigener Wachskreislauf. Wer seine Imkerlaufbahn startet, kauft sich in der Regel Bienen auf Waben. Bevor man sich jedoch entscheidet, bei wem man seine Bienen kauft, lohnt es sich, in den Vereinen nachzufragen, wer „sauber“ arbeitet. Sauber bedeutet in diesem Zusammenhang, keine fragwürdigen Varroabehandlungs-

Im Sonnenwachsschmelzer werden mit Solarenergie Altwaben und Drohnenwaben ausgeschmolzen.

mittel einzusetzen und im günstigsten Fall ausschließlich mit den zugelassenen organischen Säuren zu arbeiten. Dann kann man sich meist darauf verlassen, dass diese Waben aus Bienenwachs einer guten Qualität bestehen. Wer dann anschließend auf der sicheren Seite sein möchte, wird nicht darum herumkommen, sich einen eigenen Wachskreislauf zuzulegen. Was aber bedeutet das?

Bienen leben in einem Bienenstock auf Waben aus Wachs. Diese werden innerhalb einer Saison mehrfach bebrütet. Jedes Mal, wenn eine Biene aus einer Zelle schlüpft, hinterlässt sie dort eine Puppenhaut. Und die Zellen werden auch anderweitig verschmutzt. Zwar putzen die Bienen kontinuierlich ihren Stock, doch lässt es sich nicht vermeiden, dass die Waben nach und nach dunkler werden. Jeden Tag laufen Tausende Bienen auf den Waben hin und her, ohne sich vorher die Füße abzuputzen. So gelangt auch einiges Unerwünschte in den Bienenstock: Keime, Mikroorganismen, Sporen und andere Krankheitserreger. Überlässt man die Bienenvölker sich selbst, werden sie automatisch irgendwann zu Krankheitsschleudern.

JETZT DIE GROSSGERÄTE – WACHSSCHMELZER

Und jetzt kommt der Imker ins Spiel. Damit seine Bienen gesund bleiben, entfernt er pro Jahr etwa 30 Prozent der Waben und tauscht sie gegen saubere Mittelwände aus. Diese ausgetauschten alten, dunklen Waben schmeißt er nicht etwa weg, sondern schmilzt sie aus. Es gibt für diesen Arbeitsschritt sogenannte **Sonnenwachsschmelzer**.

Dabei handelt es sich um eine große Kiste aus Holz oder Metall, in die ein Zwischenboden aus Edelstahl eingelegt ist, der am vorderen Rand ein grobes Sieb besitzt. Er hat einen Glas- oder Kunststoffdeckel, der hundertprozentig dicht schließen muss. Der Schmelzer steht auf einem drehbaren Fuß, damit er immer zur Sonne hin ausgerichtet werden kann.

Die alten, schwarzen Waben werden nun auf den Zwischenboden gelegt, der Sonnenwachsschmelzer geschlossen und in die Sonne gedreht. Diese schmilzt mit ihrer Wärme das Wachs in den Waben, so dass es durch das Sieb in den unteren Behälter läuft. Wenn dieser gut gefüllt ist, lässt man ihn abkühlen. Danach wird er gestürzt und das Wachs grob in kaltem Wasser gereinigt.

Dieses ausgeschmolzene Wachs wird zum neuen Rohstoff für neue Mittelwände. Eine andere Möglichkeit ist es, die alten Waben in einem **Dampfwachsschmelzer** auszuschmelzen. Diese Geräte werden in kleineren Imkereien in der Regel mit einer Art Wasserkocher-Aufsatz betrieben. Sie bestehen aus einem großen Edelstahlkorpus, der innen auf dem Boden einen großen Siebeinsatz hat. In diesen Siebeinsatz kann man je nach Gerätegröße mindestens 20 Rähmchen hineinstellen. Der Dampfwachsschmelzer wird dann mit einem Deckel geschlossen. Oben auf dem Deckel sitzt der Wasserkocher, und von diesem führt ein Schlauch in das Innere des Schmelzers. Der Kocher wird mit Wasser befüllt und dann eingeschaltet. Nach einigen Minuten fängt das Wasser an zu kochen und der Dampf wird in das Gerät hineingeleitet. Dieser Dampf erhitzt den Innenraum des Schmelzers und schmilzt so in relativ kurzer Zeit die Waben aus.

Wichtig!

Außer dem Wachs befinden sich in dem Behälter ein wenig Honig und Larvenhäutchen. Den Honig bitte nicht weiterverwenden! Er ist durch die Sonne zu stark erwärmt worden und hat einen Hitzeschaden.

Man kann mit dem Dampfwachsschmelzer wunderbar wetterunabhängig arbeiten. Vor zwei Jahren hatte in Hamburg die Sonne bis Ende Mai nicht ein einziges Mal verlässlich geschienen, so dass sich einiges an Wabenmaterial angesammelt hatte. Wenn jedoch die Sonne nicht scheint, funktioniert ein Sonnenwachsschmelzer nicht.

Ein weiterer wichtiger Punkt ist, dass ein Dampfwachsschmelzer niemals im Außenbereich betrieben werden darf, wenn Bienenflug herrscht. Bienen haben einen exzellenten Geruchssinn! Sie würden eine riesige Räuberei auslösen. Stellen Sie den Dampfwachsschmelzer zum Betrieb lieber in einen bienendichten Innenraum. Es sei denn, draußen herrscht Frost, dann dürfen Sie auch gern im Garten schmelzen.

Übrigens

Der einzige große Nachteil bei der Anschaffung eines Dampfwachsschmelzer ist der hohe Preis. Auch diese Geräte kosten einige hundert Euro. Sind Sie handwerklich geschickt? Dann schauen Sie mal ins Internet, dort gibt es viele Selbstbauanleitungen, die erhebliche Kosten einsparen können.

Ein Schmelzgang dauert ungefähr eine halbe Stunde. Das flüssige Wachs fließt dann durch das Sieb in einen daruntergestellten Eimer. Bitte immer dabei stehen bleiben und den Raum nicht verlassen, damit der Eimer nicht überläuft und der Wasserkocher sich nicht leerkocht.

Achtung, immer erst den Schmelzer aus der Steckdose ziehen und einen Moment warten, damit er im Inneren abkühlt, bevor wir ihn zum Ausräumen öffnen. Und bitte dazu lange, hitzebeständige Handschuhe tragen, Verbrennungsgefahr! Das gilt auch für den Wasserbehälter: erst abkühlen lassen, dann öffnen zum Neubefüllen. Das geschmolzene heiße Wachs sollte ganz langsam abkühlen, daher immer Deckel auflegen. Möglichst die Eimer an Ort und Stelle stehen lassen, ohne Erschütterungen, damit die Schmutzpartikel ganz sanft zu Boden schweben können. Ist das Wachs erstarrt, Eimer in der Spüle stürzen und den Wachsblock von unten abschaben, bis der Klotz überall honiggelb ist.

Als Sieb, um Verunreinigungen abzufangen, eignen sich ganz hervorragend Damenstrumpfhosen.

Extratipp

Es gibt die Möglichkeit, Wachs zu wachsverarbeitenden Betrieben zu bringen, ähnlich wie eine Apfelmosterei, die Äpfel annimmt und gegen fertigen Saft tauscht. Wer in einem großen Verein imkert, kann das Wachs sogar – wenn das des Vereins mehrere Hundert Kilogramm beträgt – zentral zu Mittelwänden verarbeiten lassen und darauf pochen, sein eigenes Wachs zurückzubekommen. Teilweise funktioniert das schon ab 50 Kilogramm, es lohnt also, sich zu erkundigen.

IMKERGOLD IN SCHEIBEN: SELBST GEMACHTE MITTELWÄNDE

Wer ganz auf der sicheren Seite sein möchte, kauft sich eine Mittelwandgießanlage (wassergekühlt) und gießt sich aus seinem eigenen Wachs selbst neue Mittelwände. Diese Gießanlage ist so eine Art eckiges Waffeleisen ohne Strom, stattdessen mit Wasserkühlung und einer geprägten Kautschuk- oder Silikonplatte. Wir können aus unseren gewonnenen Wachsklötzen mithilfe der Mittelwandgießanlage auch selbst neue Mittelwände gießen. Unser Rohstoff dafür, unsere Wachsklötze, werden dazu in einem großen Kochtopf im Wasserbad wieder eingeschmolzen.

Die Mittelwandgießanlage wird an einen Wasserhahn angeschlossen, damit sie gekühlt wird. Es reicht aus, wenn das Wasser langsam, aber stetig tropft. Das Wachs nicht zu heiß werden lassen, 75 Grad Celsius ist optimal.

Wenn das Wachs flüssig ist, eine Kelle voll in die geöffnete Gießanlage geben, gleichmäßig im hinteren Bereich eingießen und dann vorsichtig schließen. Nicht zu schnell, sonst schießt das Wachs vorn heraus. Daher auch unbedingt Schürze und festes Schuhwerk tragen. Jetzt ein paar Minuten kühlen lassen und dann wieder öffnen. Wenn wir alles richtig gemacht haben, liegt in der Gießanlage eine wunderschöne, gleichmäßige Mittelwand. Diese wird dann gelöst und herausgenommen. Wenn sie zerreißt, war sie noch nicht abgekühlt. Bitte keine spitzen Messer nehmen, die Silikonmatte könnte beschädigt werden.

Sollte die Mittelwand zu stark an der Form kleben, vor dem nächsten Wachseingießen mit dem Pinsel Kartoffelwasser an den Außenkanten auftragen. Dazu einfach eine Kartoffel grob in einer Tasse Wasser zerschnippeln, das ergibt ein perfekt biologisch abbaubares Trennmittel. Bitte kein Spülmittel nehmen, sonst schäumen die Bienen.

Zugegebenermaßen ist diese Mittelwandpresse nicht gerade billig: Sie kostet mittlerweile fast 1000 Euro. Wer aber mit sauberem Wachs arbeiten möchte – falls er nicht sowieso nur mit Naturwabenbau arbeitet – ist mit ihr mehr als gut beraten. Viele Vereine haben sich seit dem letzten aktuellen Wachsskandal aufgerüstet und besitzen diese Geräte. Dann wird an einem verabredeten Termin gemeinschaftlich gegossen, geredet, gefachsimpelt etc.

Wenn wir uns persönlich um unser Wachs kümmern, sind wir auf der relativ sicheren Seite. Außerdem macht es Sinn, das eigene Wachs wiederzugewinnen, da die Bienenwachspreise in den letzten Jahren schier explodiert sind.

Übrigens

In den letzten Jahren gab es leider nicht nur die Problematik mit Rückständen im Wachs, sondern auch Probleme mit gepanschtem Wachs. Da Bienenwachs ein sehr hochwertiger und kostspieliger Rohstoff ist, haben Betrüger das Bienenwachs in großem Stil mit Paraffin oder Stearin gestreckt. Aufgeflogen ist dies erst, als bei den betroffenen Imkern die Brutwaben im Stock zusammengebrochen sind, da Paraffin und Stearin niedrigere Schmelzpunkte als unser Bienenwachs besitzen.

Um die ganze Wachsgeschichte zu vervollständigen, muss ich Ihnen jetzt leider noch erzählen, dass die Geschichte mit der Selbstgewinnung von unbelastetem Wachs doch nicht ganz so einfach ist. Das allerbeste Wachs für neue Mittelwände sollte nämlich möglichst nur aus Drohnen- und Deckelwachs bestehen. Dieses Wachs ist die kürzeste Zeit im Bienenstock gewesen und somit das am wenigsten belastete. Wachs, das von ausgeschmolzenen, dunklen und mehrfach bebrüteten Brutwaben gewonnen wurde, sollte eigentlich direkt in die Kerzenfabrikation gehen. Das tut weh, ist aber unvermeidlich, wenn Sie wirklich mit hochwertigem Wachs arbeiten und dementsprechend rückstandsfreien Honig ernten möchten.

Es dauert am Anfang eine Zeit, bis Sie die zum Mittelwandgießen benötigten Eigenwachsmengen angesammelt haben. Aber seien Sie sicher, Ihre Bienen werden Sie nicht im Stich lassen. Bauende Bienen sind gesunde Bienen, und genau darum macht all dies Sinn! Auch wenn man in seiner Betriebsweise auf Mittelwände verzichtet und die Bienen die Waben selbst bauen lässt, sollte man gerade dieses hochwertige Wachs sammeln. Wir können daraus auch wunderbare Cremes und Salben für den Eigengebrauch herstellen.

Problem aller Imker: Die Varroa

Die Varroamilbe hält das Zepter in der Hand – und uns auf Trab. Nicht behandeln geht nicht, auch dann nicht, wenn naturnah geimkert wird. Gibt es sanftere Alternativen? Wie lässt es sich besser und korrekter behandeln?

Vorab ein paar Fakten: Eingeschleppt wurde die Varroamilbe in den 1970er-Jahren aus Asien. Die Asiatische Biene lebt in einer friedlichen Koexistenz mit ihr: Sie erkennt sie, putzt sie von ihrem Körper, beißt ihr die Beine ab – und verlässt bei zu hohem Befall ihr Nest.

Die Varroa hat als kleines Spinnentier acht Beine, ist flach und beißt sich am Bienenkörper so fest, dass unsere Biene sie nicht herunterputzen kann. Außerdem erkennt sie sie nicht als Bedrohung. Die Varroen klettern unter die Hautfalten am Hinterkörper und saugen dort vom Fettkörper und der Hämolymphe. Sie verteilen zudem diverse Viren an die Maden, so dass daraus verkrüppelte, nicht lebensfähige Bienen schlüpfen. Diese werden von den Arbeiterinnen nach dem Schlupf aus dem Stock geschmissen. Somit schädigen Varroamilben nicht nur die erwachsene Biene, sondern auch ihre Brut.

Varroen sind kleiner als Stecknadelköpfe.

Ein Varroaweibchen klettert kurz vor der Verdeckelung am liebsten in eine Drohnenzelle, um sich dort zu vermehren, da Drohnenzellen drei Tage länger verdeckelt sind. Nach 60 Stunden legt es das erste Ei, aus dem immer ein Männchen schlüpft. Mit diesem paart es sich. 30 Stunden später folgen weitere Eier. Sieben Tage dauert deren Entwicklung. Nach dem Schlupf der Drohne verlassen nur die befruchteten Varroaweibchen die Zelle, die Männchen versterben. Pro Saison können so etwa zwölf Generationen Varroen entstehen.

Unbehandelt versterben die Bienenvölker nach zwei bis vier Jahren: Das Volk verlässt die Beute und stirbt draußen, zurück bleiben die Königin und die Futterwaben.

Die Varroa verbreitet sich auch durch Verflug und Räuberei. Im Winter sitzen die Milben auf den Bienen.

DIE VARROA, DER BEELZEBUB DER BIENEN

Bereits in den 1980er-Jahren ist die Varroa hier im Norden angekommen und macht seitdem den Bienen und uns Imkern das Leben schwer. Anfänglich wurde massiv mit Medikamenten und Giften herumexperimentiert, die uns heute noch als Rückstände im Wachs regelmäßig Hallo sagen. Heute hat sich die Behandlung mit organischen Säuren durchgesetzt. Das ist, zusammen mit dem regelmäßigen Ausschneiden der Drohnenbrut, derzeit die Behandlung, die am meisten Erfolg und lebendige Völker im Frühjahr verspricht.

Viele Imker versuchen andere Wege zu beschreiten, indem sie überhaupt nicht behandeln, um so eine natürliche Auslese herbeizuführen. Das mag ein guter Weg zu sein, empfehlen würde ich es aber nur Imkern, die mit ihren Bienen einsam stehen und auf mindestens sechs bis zehn Kilometer Entfernung keinen Kollegen haben. Sonst funktioniert das Ganze nicht. Wenn einer behandelt und der andere nicht, kann niemals eine Auslese in Bezug auf die gewünschten Ergebnisse erzielt werden.

Wissenschaftler forschen was das Zeug hält, eine echte Lösung aber gibt es noch nicht. Daher lohnt es sich weiterhin, vernünftig gegen die Varroa einzuschreiten. Denn noch gilt: Wer nicht behandelt, verliert mit Sicherheit seine Völker.

Übrigens

Weltweit behaupten einige Imker, ihre Völker wären resistent gegen die Varroa. Doch nachweislich verlieren alle Völker diese Eigenschaft in dem Moment, wo sie aus ihrer Region herausgenommen werden.

Interessanterweise wurde häufig beobachtet, dass stechfreudige Völker besser mit der Varroa klarkommen als sanfte. Die Stecher haben meist einen ausgeprägteren Putztrieb und sind manchmal sogar in der Lage, Varroen zu erkennen und aus dem Stock zu entfernen. Da die meisten Imker aber ihre Völker im eigenen Garten stehen haben, ist auch das keine echte Alternative. Stechfreudige Bienen, so wie sie ursprünglich einmal alle waren, passen nicht mehr in unser heutiges Umfeld. Wer arbeitet schon gern im Vollschutz?

Das Drohnenschneiden ist sicherlich ethisch auch nicht ganz stubenrein. Drohnenwaben als Varroa-Fangstation zu nutzen und sie dann im Schmelzer garzukochen, mag nicht jedermanns Sache zu sein. Ist aber nachweislich sehr erfolgreich, was die Dezimierung der Varroen anbelangt, und zudem die einzige Möglichkeit in der Honigzeit. Und ein weiterer Vorteil: Es führt nicht zu Rückständen im Honig.

Drohnenrähmchen funktionieren am besten in einem Volk, bei dem mit Mittelwänden gearbeitet wird. Da die Mittelwände in Arbeiterinnenbrutgröße geprägt sind, bauen Bienen in ein Leerrähmchen automatisch Drohnenzellen. Das funktioniert aber nur, wenn man dieses Leerrähmchen direkt im Anschluss an das Brutnest einhängt. Nur dort ist es im Frühjahr so warm, dass die Bienen es ausbauen können. Wenn das Rähmchen zu weit nach außen gehängt wird, nehmen es die Bienen nicht an. Im Sommer dagegen ist es fast egal, wo es eingehängt wird, weil wir da teils sogar nachts Temperaturen um 20 Grad Celsius haben.

Wenn das Drohnenrähmchen ausgebaut und bestiftet wurde, warten wir noch so lange, bis die Drohnenbrut zu mehr als zwei Drittel verdeckelt ist. Dann erst nehmen wir es heraus und schneiden es aus. Anschließend wieder einhängen und die Drohnenbrut ausschmelzen.

Alternativ kann man die Drohnenwaben auch einfrieren, um die Brut schnell abzutöten. Das kostet die Drohnen ihr Leben, aber den Varroen, die sich in der verdeckelten Brut befinden, eben auch. Gerade in der ersten Drohnenwabe im Frühjahr befinden sich sämtliche Varroen, die den Winter über auf den Bienen gesessen haben – und das sind nicht wenige. Wer es nicht glaubt, sollte sich eine Entdecklungsgabel nehmen, die Zellen öffnen, Drohnen ausschlagen und mit einer Lupe suchen.

Wir geben pro Brutzarge ein Drohnenrähmchen und schneiden diese dann immer abwechselnd aus.

> Wichtig!
>
> Die Drohnenzellen, welche die Bienen am unteren Rand der Rähmchen mit der Arbeiterinnenbrut bauen, bitte nicht schneiden. Diese Drohnen brauchen andere Völker für die Begattung der Jungköniginnen und das Volk für die Harmonie. Sonst gibt es Zickenkrieg.

Mit dieser Technik, biodynamisch, können wir über die gesamte Honigsaison hinweg den Befall an Varroen in Schach halten. Wenn Sie ausschließlich mit Naturbau imkern, können Sie auch Drohnenbrut schneiden, müssen diese aber zunächst suchen. Die Naturbaubienen bauen Drohnenzellen erst, wenn sie benötigt werden, also meist im Mai. Dann gibt es auf mehreren Brutwaben oft handtellergroße Flächen mit Drohnenzellen. Diese lassen sich schneiden, wenn sie sich am unteren Rand befinden. Wenn sie mitten im Brutnest sitzen, wird es mitunter schwierig.

Die zweite Möglichkeit, den Befall einzudämmen, ist, möglichst Ableger zu ziehen. Diese Möglichkeit wird auch von den Bienenvölkern genutzt. Wenn die Bude zu eng wird, schwärmen die Bienen. Die Hälfte der Bienen verlässt dann mit der alten Königin das Volk, um sich ein neues Zuhause zu suchen. Sie nehmen auf dieser Reise keine Waben und somit auch kaum Varroen mit, nur die wenigen, die sich zu diesem Zeitpunkt auf den Bienen selbst befinden. Also dezimiert ein Schwarm bewusst oder unbewusst den Varroabefall ganz erheblich. Wenn wir die Bienen nicht schwärmen lassen wollen, können wir stattdessen einen Ableger ziehen. Diesen können wir dann gleich gegen die Varroa behandeln, da wir mit ihm in diesem Jahr keinen Honig mehr ernten werden. Somit wird der Ableger zum Rennpferd der nächsten Saison, fast Varroa-frei, lange vor den Wirtschaftsvölkern.

Erst nach der letzten Honigernte, im Norden nach der Lindenhonigernte, können wir alle Völker behandeln. Diejenigen Imker, die noch eine Spättracht erwarten, können erst nach dieser behandeln. Und genau hier scheiden sich die Geister. Spättrachten sind nicht naturnah, die Völker arbeiten sich an ihnen auf. In Heidegebieten wird daher seit Urzeiten nach einer anderen Betriebsweise geimkert. Es gibt dort immer Muttervölker, die vorweg behandelt werden, zu denen nach der Tracht die Tochtervölker gefegt werden, zumindest das, was davon übrig geblieben ist.

Diese Brutwabe ist goldrichtig für einen Ableger.

Alle Spättrachten haben den großen Nachteil, dass sie für die Bienen eigentlich lebensverkürzend sind. Tanne z. B. hat noch nicht einmal Pollen, den die Bienen aber dringend benötigen, um ihre Brut zu versorgen. Wer Tannen anwandert, muss daher dringend Pollenwaben in die Völker hängen, bevor sie in den Wald gestellt werden.

Je später die Völker gegen die Varroa behandelt werden, desto geringer die Chance, dass sie den Winter überleben. Daher empfehle ich, möglichst früh zu ernten, damit zeitnah behandelt werden kann. So können die Winterbienen gesund schlüpfen. Naturnah imkern hat demnach auch ganz viel mit einem guten Varroa-Behandlungskonzept zu tun.

> **Wichtig!**
> Manchmal haben es Imker nicht leicht, die richtigen Behandlungstage einzuhalten. Entweder sind die Temperaturen zu hoch, oder es regnet. Bitte niemals bei über 25 Grad Celsius behandeln, es schädigt die Brut und der Verlust der Königin ist meist vorprogrammiert.

Am 28.01.22 ist ein neues Tierarzneimittelgesetz (TAMG) in Kraft getreten. Seither sind wir Imker verpflichtet, alle Varroabehandlungen zu dokumentieren und diese Dokumentation fünf Jahre lang aufzubewahren. Außerdem ist seit diesem Datum die Varroabehandlung mittels Schwammtuch verboten.

Es gibt zugelassene Verdunster, z. B. von Nassenheider oder Liebig, die mit dem Langzeitbehandlungsprinzip arbeiten, das heißt, dass die Verdunster eine Behandlungszeit von zehn bis 14 Tagen haben. Diese Verdunster arbeiten laut Herstellerangaben in Temperaturbereichen von zehn bis 35 Grad Celsius. Ich würde aber davon abraten, Ameisensäure bei über 25 Grad Celsius in die Völker einzubringen. Es bekommt den Bienen schlicht und einfach nicht. Wer mit Verdunstern bei 35 Grad Celsius arbeitet, riskiert Königinnenverlust.

Verdunster kann man in unterschiedlichen Ausführungen kaufen. Entweder legt man sie oben auf die Rähmchen und stülpt dann eine Leerzarge darüber, oder man nutzt die umgedrehte Futterzarge zum Auflegen. Eine andere Ausführung der Verdunster wird in einem Leerrähmchen installiert und so ins Volk eingehängt.

> **Wichtig!**
> Welches System auch immer Sie nutzen, lesen Sie bitte vorher ganz genau die Gebrauchsanweisungen. Dort ist auch die Dosis der Ameisensäure und die Dauer der Behandlungen genauestens beschrieben.

Vom Prinzip her funktionieren die Verdunster alle gleich. In den Behälter wird die benötigte Ameisensäure hineingegeben. Am Deckel gibt es einen kleinen Spalt, so dass daraus stetig Ameisensäure auf das davor installierte Löschblatt tropft. Da die Flasche liegt, leitet das Löschblatt die Säure weiter auf das darunterliegende Vlies. Das ist die eigentliche Verdunstungsfläche.

Laut Herstellerangaben soll man in den ersten Tagen die täglich verdampfte Dosis kontrollieren und notfalls das Löschblatt in der Größe anpassen. Der Verdunster bleibt so lange im Volk, bis die gesamte Dosis Ameisensäure verdunstet ist. Dieser Zyklus kann – mit Abstand – bis zu drei Mal nacheinander wiederholt werden, je nach Stärke des Varroabefalls.

Wichtig ist es auch, den Varroa-Niederfall auszuwerten. Schauen Sie, was herunterfällt, kontrollieren Sie die Windel. Vielleicht reichen schon zwei Behandlungen? Oder braucht das Volk noch eine vierte? Die Zeit nach der Honigernte ist unglaublich wichtig für die Gesundheit Ihrer Bienen. Beobachten, behandeln, kontrollieren. Nicht behandeln killt die Völker! Zumindest so lang, bis ein besseres Behandlungssystem erfunden worden ist.

Ich begleite nach Abschluss der Imkeranfängerkurse sehr häufig Jungimker in den folgenden zwei Jahren. Und so erreichen mich auch viele Fragen im Zusammenhang mit den Varroabehandlungen. Was auffällig ist: Den Jungimkern werden häufig Ableger verkauft, die mehr Varroen als Bienen enthalten.

Viele der Jungimker suchen sich Altimker, sogenannte Paten, und lassen sich von ihnen durchs erste Jahr begleiten. Dann erreichen mich ab und an Fragen, bei denen es sich um die Varroabehandlungen dreht. Ich habe da schon die kuriosesten Behandlungsarten gehört. Manchmal spielt hochprozentiger Alkohol eine Rolle, manchmal werden Oxal- und Ameisensäure miteinander vermischt, dann gibt es die geschnitzten Hölzer, die bei Vollmond vor die Einflüge gelegt werden und vieles mehr. Interessant sind viele dieser Ideen, wirkungslos oder ungesund für die Bienen aber die meisten. Ich rate Ihnen dringend, sich auf die Empfehlungen der Bieneninstitute zu stützen. Dort weiß man, was funktioniert, kennt die richtige Dosis und wird sicherlich den Bienen nicht schaden wollen.

Bienen halten heißt Verantwortung zu übernehmen. Stellen Sie sich dieser Verantwortung.

Alles andere müssen Sie auf Ihre Kappe nehmen. Und es verkraften und verantworten, wenn Ihnen die Völker im Winter durch mangelnde Behandlungen eingehen.

Es gibt natürlich noch andere Möglichkeiten der Varroabehandlung. Sie können nach der Honigernte die gesamte Brut entnehmen (TBE, Totale Brutentnahme) und einschmelzen, Arbeiterinnenmord, oder daraus Ableger bilden und – wenn alles geschlüpft ist – behandeln, die alten Waben einschmelzen. Die Völker bauen wunderschöne Waben aus, solange sie flüssig gefüttert werden. Wenn diese Völker dann brutfrei sind, können Sie sie mit 15%iger Milchsäure besprühen (nur nebelfeucht), diese Säure ist weniger aggressiv. Milchsäure wirkt nicht in die Brut, daher können nur Milben erreicht werden, die nicht in der verdeckelten Brut sitzen.

Und noch ein letzter Tipp zum Thema Behandlungen: Bitte denken Sie immer an den Eigenschutz beim Auftragen der Säuren. Stets draußen, nie in Innenräumen mit Säure arbeiten; Schutzbrille, Schürze, Gummistiefel und säurefeste Handschuhe benutzen. Und gehen Sie immer davon aus, dass sich Varroen im Volk befinden!

Extratipp

Schwärme können hervorragend mit Oxalsäure behandelt werden; einfach auf die Schwarmtraube träufeln, bevor die Schwärme eingeschlagen werden. Bitte daran denken, dass diese Völker dann im gleichen Jahr nicht mehr zur Honiggewinnung eingesetzt werden dürfen, da die Säure als Rückstand in den Honig wandern könnte.

Andere Viecherl im Bienenstock

Ameisen, Wachsmotten, Mäuse, Spechte, Waschbären ... nicht nur die Varroa kann den Bienen das Leben schwer machen. Falls Rettungsmöglichkeiten nötig sind, geht das auch ganz ohne Gifteinsatz. Und es gibt auch gern gesehene Gäste in der Beute, Koexistenzen, Symbiosen. Wer tut den Bienen gut, wer nicht?

AMEISEN

Ameisen können einen Imker in den Wahnsinn treiben und Bienenvölker ausräubern. Sie sind natürlich genauso interessante, emsige Insekten wie unsere Bienen, aber in der Überzahl mit diesen nicht so richtig kompatibel. Ameisen sind kluge Tierchen, sie riechen die Bienenvölker und schicken dann ihre Späher aus. Danach schleppen sie sogar ihre Eier in Richtung Bienenbeuten, um sie oben auf die Folie direkt unter dem Deckel zu parken. So haben die Ameisen ein wunderbares Quartier mit Fußbodenheizung. Sie lassen dort ihre Eier ausbrüten, ohne selbst heizen zu müssen, sehr praktisch. Wenn man dann eine Durchsicht machen möchte, muss man erst die Ameisen plus Eier entfernen. Aber egal wie weit Sie diese entfernen, bei der nächsten Durchsicht liegen sie wieder genau dort.

Kalk oder Backpulver auf den Beutenfalz aufgebracht, verhindert das Ameisen in die Beute krabbeln.

Falls es viele Ameisen sind, schaffen sie es natürlich auch in die Beute und gehen an die Honigvorräte. Dann muss man tatsächlich etwas dagegen unternehmen, weil ein Ameisenstamm locker ein Bienenvolk ausräubern und vernichten kann. Eine einfache Möglichkeit, Ameisen zu vertreiben, ist Muschelkalk. Bekommen Sie im landwirtschaftlichen Futterbedarf. Ameisen mögen nicht darüber laufen, einfach in dicken Lagen um die Beuten herum auf den Boden streuen.

Eine andere Alternative ist Backpulver. Man kann es auf die äußeren Falze der oberen Zarge aufstreuen. Es funktioniert aber

Wichtig!

Verwenden Sie bitte niemals Insektengifte, egal in welcher Form, schließlich ist unsere Biene auch ein Insekt, und Gifte haben die unangenehme Eigenschaft, sich im Wachs zu speichern. Außerdem stehen Ameisen unter Naturschutz.

nur am Anfang. Fühlen sich die Ameisen erst einmal heimisch, nisten sie sich sogar innerhalb der Beuten ein – und dort ist Backpulver tabu. Man kann auch die Beutenständer mit Melkfett einstreichen oder in Konservendosen mit Wasser stellen.

Im ursprünglichen Habitat der Honigbiene, dem hohlen Baum, gab es Symbiosen zwischen Ameise und Biene. Die Bienen haben im Obergeschoss gelebt und ganz frech alles herunterfallen lassen, was sie als Müll empfanden. Die Ameisen wiederum haben sich im Untergeschoss eingerichtet und sich eben um diesen sehr eiweißreichen Müll gekümmert, der für sie eine wunderbare Nahrungsquelle darstellte. Doch nicht nur das konnten die Ameisen, sie waren sogar in der Lage, die Baumhöhle zu wärmen und zu trocknen. Dazu haben Ameisen feuchtes Material aus dem Bodensumpf nach draußen gebracht, sich in die Sonne begeben und sich dort aufgeheizt. Dann kamen sie zurück in die Baumhöhle und haben mit ihrem eigenen Körper die Höhle geheizt.

Ein anderer interessanter Aspekt ist, dass Ameisen ihre Säuren auch in ihrem Lebensumfeld einsetzen, um ihre Wohnungen zu desinfizieren. Und da wir wissen, das Varroen keine Ameisensäure vertragen, ist die Ameise vielleicht doch ein optimaler Untermieter unserer Honigbienen?

Wenn wir unseren hohlen Baum im Garten einige Jahre mit Bienen besetzt haben, werden sich eines Tages sicherlich dort auch Ameisen ansiedeln. Heißen Sie diese dann bitte willkommen und genießen Sie das Naturschauspiel. Hier können echte Lebensgemeinschaften entstehen.

Ein erwachsener männlicher Bücherskorpion.

BÜCHERSKORPIONE

Der Bücherskorpion ist für die Imkerei eigentlich ein hochinteressantes Tierchen. Er gehört zu den Pseudoskorpionen und ist für den Menschen völlig ungefährlich – er ist mit seinen knapp vier Millimeter Größe nur halb so groß wie eine Reißzwecke.

Der Bücherskorpion gehört zu den Spinnentieren. Seine Nahrung besteht aus Springschwänzen, Staub-und Bücherläusen sowie aus Hausstaubmilben. Diese Beute fängt er mit seinen Scherenfingern und spritzt dann ein lähmendes Gift hinein, um sie anschließend auszusaugen. In der freien Natur lebt er auch in Vogelnestern und unter der Rinde abgestorbener Bäume. Außerdem findet man ihn in alten Scheunen, dort, wo Heu und Stroh gelagert werden.

Im Haus lebt er unter alten Tapeten, in Akten und Büchern: daher sein Name. Er ist in trockenen Spalten und Ritzen zu finden. Früher hat er friedlich zusammen mit den Bienen in Körben existiert und sich dort auch von Varroen und Wachsmotten ernährt. Er ist und war in den Bienenstöcken ein gern gesehener Gast. In den heutigen Magazinbeuten sind die Bücherskorpione nicht mehr heimisch, weil es für sie und ihre Brut keine Rückzugsmöglichkeiten mehr gibt, weder Spalten zum Verstecken noch geschlossene Böden, nur offene Gitterböden.

Ein trächtiger weiblicher Bücherskorpion.

Wer mit Körben, Einraumbeuten, Bienenkugeln oder Klotzbeuten arbeitet, kann mit Glück aber auch Bücherskorpione im Boden finden. In meiner Bienenkugel vermehren sie sich sogar. Ein Schutz gegen die Varroa sind sie nicht, sie verputzen zwar ab und an die eine oder andere, aber sie gehen nicht an die Bienen, um die Milben von ihnen herunterzupflücken, weil sie ihnen viel zu hektisch sind.

Wer Bücherskorpione in seinen Beuten beherbergt, darf zur Varroabehandlung keine Ameisensäure einsetzen. Der Bücherskorpion verträgt diese Behandlung nicht, sie tötet ihn sogar. Als Alternative wäre eine Behandlung mit Milch- oder Oxalsäure möglich.

WACHSMOTTEN

Wachsmotten sind nachtaktive Schmetterlinge. Sie besitzen einen exzellenten Geruchssinn und erschnüffeln sich die Bienenvölker. Die Falter sind ungefährlich, ihre Larven sind es nicht.

Wachsmotten werden eigentlich nur unseren eingelagerten Honigrähmchen gefährlich, in der Beute selbst halten die Bienen sie in Schach: Bienen erkennen sie und schmeißen sie raus. Meist finden wir sie im Beutenboden, wo sie von den Bienen nicht erreicht werden können. Wenn im Winter

Im Boden halten sich gerne die Wachsmottenlarven auf.

das Volk zu klein ist, kann es bei milden Temperaturen passieren, dass die Motten die Randrähmchen befallen und zerschreddern. In der freien Natur fungiert die Wachsmotte als Gesundheitspolizei. Sie zerstört die Waben von verlassenen Bienenvölkern und schafft so Platz für einen neuen Bienenschwarm.

Anleitung: Honigrähmchen einlagern

Wenn wir Honigrähmchen einlagern, können sich darauf natürlich Motteneier befinden. Wenn diese im Warmen schlüpfen, werden die Larven die Waben zerstören. Zur Vorsorge mindestens einmal im Monat alle Rähmchen begutachten und die befallenen aussortieren und einschmelzen. Im Schnitt sind auf zehn Prozent der eingelagerten Honigwaben Mottenfraßgänge zu finden. Um einen Wachsmottenbefall zu verhindern beziehungsweise zu minimieren sollten weniger Rähmchen mit Abstand in eine Zarge eingehängt werden und diese auf einer Palette übereinander zu einem Zargenturm gestellt werden. Oben und unten ein mottendichtes Gitter befestigen. Im Zargenturm entsteht so ein Kamineffekt, es zieht – und das finden Motten widerlich. Zusätzlich kann man noch getrocknete Walnussblätter, Wurmfarn oder Lavendel in der Nähe der Türme verteilen. Optimale Lagertemperatur der Honigrähmchen ist unter zehn Grad, weil sich Motten dann nicht weiterentwickeln können.

ANDERE KLEININSEKTEN

Alle anderen Kleininsekten sind zwar ab und an im Beutenboden anzutreffen, richten dort aber meist keinen Schaden an: Ohrenkneifer, Hummeln und Totenkopfschwärmer. Letzterer, ein nachtaktiver Falter, klaut den Bienen sogar Honig. Er verwendet das gleiche Pheromon wie die Bienen und kann so unbehelligt in den Bienenstock eindringen. Da er bei einem Besuch maximal fünf Zellen leersaugt und niemals in großen Zahlen auftritt, besteht für die Bienen keinerlei Gefahr. Er hat auf der Flügeldecke eine Totenkopfzeichnung und ist sehr groß. Angeblich kann er sogar pfeifende Geräusche erzeugen. Wenn also etwas in der Beute pfeift, wissen Sie, was Sie erwartet.

BEUTENKÄFER

Ein neuer Schädling macht sich auf den Weg vom italienischen Stiefel in Richtung Mitteleuropa. Es ist ein kleiner, dunkler, glänzender Käfer, der sich in Bienenbeuten vermehrt. Seine Larven gehen in die Honigräume und verunreinigen diese so stark, das der Honig innerhalb der Beute anfängt zu gären. Danach verpuppen sich die Maden noch einmal und werden zu Wandermaden, die in Richtung Licht aus dem Flugloch herauskrabbeln, sich fallen lassen, um sich nach ein paar Metern im Boden einzugraben und zu verpuppen. Um Sie nicht zu verwirren, habe ich hier bewusst auf Fotos verzichtet. Bitte erkundigen Sie sich in Ihren Landesverbänden, wo der Beutenkäfer sich bisher befindet, ob er schon über die Alpen gelangt und in Ihrer Nähe beobachtet wurde.

Besuchen Sie Schulungen, um ihn identifizieren und trotzdem weiter erfolgreich imkern zu können. In Amerika ist dieser Käfer bereits seit fast zehn Jahren bekannt. Und auch dort wird noch erfolgreich geimkert. Gute, regelmäßige Durchsichten sind dort noch wichtiger geworden als zuvor ohne ihn.

Hier in Deutschland gibt es von Seiten der Veterinärbehörde schon Beobachtungsvölker, die regelmäßig auf einen Befall untersucht werden, man ist also vorbereitet. Mal schauen, wann es soweit ist. Lesen Sie fleißig die Bienenfachpresse, dann können Sie seine Ankunft gebührend feiern und hoffen, dass er niemals Ihre Beuten findet. Auch wenn es möglich ist, mit ihm zu imkern – Spaß bringen wird es vermutlich nicht. Obwohl die imkerlichen Abwehrmechanismen aus Akkustaubsaugern zum Käferabsaugen und speziellen Doppelstegplatten – mit Öl befüllt –, die einfach in den Beutenboden hineingeschoben werden, bestehen. Dann wird es sicher noch spannender werden, Naturbeuten zu beimkern.

Der beste Schutz gegen unliebsamen Besuch sind immer noch große, starke, gesunde Bienenvölker.

MÄUSE

Mäuse werden erst zu einem Problem, wenn die Bienen sich bei weit unter zehn Grad Celsius zur Wintertraube zusammenziehen. Denn dann können sie Mäuse, die in die Beute eindringen, nicht mehr vertreiben. Für die Maus sind Bienenbeuten ein Paradies, in dem es sich herrlich überwintern lässt: Jede Menge zu fressen, Honig und eiweißreiche Bienen. Die Mäuse schleppen dann noch ein bisschen Bettzeug (Blätter und Moos) mit hinein, und fertig ist das Schlaraffenland. In der Regel ist die Maus dann im Frühjahr der alleinige Mieter, dick und fett gefressen, manchmal so dick, dass sie nicht mehr aus der Beute herauskommen kann. Dann findet der Imker sie im Frühjahr bei der ersten Durchsicht und ärgert sich. Schuld ist er übrigens immer selbst, weil er vergessen hat, die Mäusegitter anzubringen. Alle Beuten brauchen einen Mäuseschutz, egal, um welche Beutenform es sich handelt.

In dieser Beute hat sich eine Maus ihr Nest gebaut – mit Mäusegitter wäre das nicht passiert.

Manchmal bringen die Bienen die Maus aber auch um – wenn es auf einmal wieder über zehn Grad Celsius ist und die Maus nicht rechtzeitig verschwindet. Dann wird sie überfallen und totgestochen, anschließend rasiert und mit Propolis einbalsamiert. So kann sie dem Bienenvolk nicht mehr gefährlich werden. Wenn Sie im Frühjahr im Bodenbereich einen braunen Klumpen finden, vorsichtig, es könnte eine Mäusemumie sein.

MEISEN UND SPECHTE

Meisen nutzen Bienenvölker in der Winterzeit gern als Futterautomaten. Sie trippeln auf dem Anflugbrett herum, bis eine Biene von innen herausgekrabbelt kommt, um zu schauen, wer dort stört. Und schwupps ist die Biene weg. Wenn Meisen damit Erfolg haben, können sie einen ganzen Stock leerfressen.

Gehen Sie im Winter häufiger mal Ihre Bienen besuchen; wenn Sie dabei Meisen am Stock antreffen, müssen Sie handeln, bevor es zu spät ist. Als Erste-Hilfe-Maßnahme: Ein bodennah befestigtes Vogelnetz drüberspannen oder Tannenzweige vor dem Einflugbrett festbinden, wie einen Vorhang vor dem Einflug. Die Bienen finden trotzdem heraus, die Meise aber kann nicht mehr dort landen.

Spechte haben einen anderen Trick auf Lager: Sie hacken in wenigen Minuten Löcher in die Beuten und lecken dann die Bienen mit ihrer klebrigen Zunge von den Waben. Bei Kunststoffbeuten dauert das nur wenige Minuten, bei Holzbeuten wesentlich länger. Auch hier hilft nur ein Vogelnetz.

WASCHBÄREN

Waschbären sind mittlerweile in fast ganz Deutschland anzutreffen. Die possierlichen Kleinbären sind Allesfresser. Wenn die Tiere die Beuten erst einmal gefunden haben, ist es schon zu spät. Sie können Beuten öffnen, sie komplett zerfressen und auch umschmeißen. Ein Schutz vor Waschbären: Beuten immer mit einem Gurt sichern und zusätzlich oben auf den Deckel schwere Steine auflegen. Andere Möglichkeit: Volierendraht um die ganze Beute, mit Bodenanker befestigen.

Die Bienenschwärme: Der Ursprung von allem

Hier geht dem naturnahen Imker das Herz auf: Das Schwärmen der Bienen ist die natürlichste Sache der Welt. Und fürs Einfangen der Schwärme gibt es viele Tricks und Kniffe, ohne sich den Hals brechen zu müssen. Eigene Sicherheit geht vor!

VORWEG EIN PAAR FAKTEN

Warum schwärmen Bienen? Wenn die Bienen sich im Frühsommer sehr stark vermehren, die Königin täglich bis zu 2000 Eier legt, wird jedem klar, dass dann irgendwann die Kiste überquillt vor lauter frisch geschlüpften Bienen. In der Natur wird dann automatisch die Reißleine gezogen: Die Hälfte des Volkes

Ein Schwarm hat sich in einer Buchenhecke aufgehängt.

Aus dieser Weiselzelle schlüpft die neue Königin.

Diese Weiselzelle wird noch gefüttert.

Schwarmzellen verdeckelt. Bald geht die Post ab!

zieht aus, die Bienen schwärmen. Wenn im Brutnest zu viel Nektar abgelagert wird, hat die Königin bald keine freien Zellen mehr zum Legen, das Brutnest verhonigt.

Ein weiterer Grund zu Schwärmen: Im Volk befinden sich verdeckelte Weiselzellen, die Königin ist veraltet, es gibt nur noch wenig offene Brut und die Ammenbienen sind arbeitslos.

Nachteile des Schwärmens sind Bienenverlust, Ausfall der Honigernte, Ärger mit den Nachbarn. Was sind die Vorzeichen? Der Drohnenrahmen wird nicht mehr ordentlich ausgebaut, es herrscht Platzmangel, die Bienen hängen durch bis zum Boden. Wer nur Kippkontrollen macht, übersieht gerne Weiselzellen, und wer keine regelmäßigen Durchsichten macht, übersieht auch auf den Drohnenwaben angezogene Weiselzellen.

Die Schwarmlust eines Volkes kann auch genetisch bedingt sein, wird aber heutzutage gerne abgezüchtet. Zeitpunkt des Schwärmens: Im Mai und Juni bei schwülwarmem Wetter, meist um die Mittagszeit. Zuvor hängen die Bienen gern am Abflugbrett beschäftigungslos herum. Die alte Königin verlässt mit der Hälfte der Arbeitsbienen den Stock, einige Tage vorher hat sie das Eierlegen eingestellt, um wieder flugtauglich zu werden. Sie wird sogar von den Arbeiterinnen über die Waben getrieben, um fit zu werden. Die Spurbienen fliegen zu einem geeigneten Platz in der Nähe der alten Behausung. Dort sammeln sich die Bienen als Schwarmtraube, in der Mitte die Königin, und bleiben einige Zeit hängen, bis sie erneut weiter-

Ein Drohnenrahmen ist ein Schwarmbarometer.

Aus Spielnäpfchen können Schwarmzellen entstehen.

ziehen. Die zurückbleibenden Bienen behalten die Waben und die Vorräte, müssen sich aber bis zum Schlupf der neuen Königinnen ein paar Tage eierlos über die Runden helfen. So vermehrt sich das Bienenvolk durch Teilung.

Ein anderes Problem in der heutigen Zeit ist, dass es kaum noch natürliche Wohnräume für schwärmende Bienen gibt. Hohle Bäume werden meist gefällt, weil sie eventuell eine Gefahr für Spaziergänger darstellen. Erst in jüngster Zeit fangen einige Regionen an, diese Bäume als Lebensräume für Tiere und Insekten bewusst zu schützen. Das zweite Problem für Schwärme ist, dass sie dank der Varroa meistens nicht länger als zwei Jahre überleben, wenn sie sich in hohlen Bäumen eingesiedelt haben. Warum? In hohlen Bäumen können die Bienen nicht behandelt werden.

In der heutigen Imkerei werden Schwärme in der Regel nicht gern gesehen. Ein Imker, der ein Volk schwärmen lässt, gilt häufig als unfähig.

Wir haben hier also eine Zwickmühle. Auf der einen Seite möchten wir unsere Bienen so naturnah halten wie möglich, auf der anderen Seite wollen wir sie natürlich auch nicht umbringen. Wir brauchen einen gesunden Mittelweg. Eine Möglichkeit stellt die Schwarmvorwegnahme dar (Seite 127). Wenn wir die ersten Weiselzellen im Volk vorfinden, nehmen wir diese heraus, fegen Bienen dazu und bilden so ein neues Volk.

Viel schöner aber ist es, die Völker schwärmen zu lassen. Wir müssen sie in dieser Zeit gut beobachten, damit wir den Startpunkt nicht verpassen. Bei den Durchsichten finden wir verdeckelte Weiselzellen, die Bienen lungern arbeitslos auf dem Flugbrett herum und bilden Bienenbärte. Spätestens mittags, besonders wenn es ein wenig schwül ist, wird der Schwarm dann abgehen. Wenn sich in der näheren Umgebung des Bienenstandes keine hohen Bäume befinden, können wir einfach zuschauen und das Naturschauspiel genießen. Falls es hohe Bäume gibt, sollten wir uns einen Schwarmfänger bauen.

Wenn Schwärme weit oben hängen, ist Klettern angesagt. Bitte immer gut gesichert!

BAUANLEITUNG SCHWARMFÄNGER

Eine Holzplatte von ungefähr 40×40 cm vorbereiten und in diese mittig ein Loch bohren. Ein Stück Besenstiel, 40 cm lang, zur Hälfte in das Loch hineinschieben und mit einer Schraube oder einem Nagel befestigen. Oben in den Besenstiel ein Loch hineinbohren, eine Drahtschlaufe befestigen. Die Unterseite der Holzplatte und das untere Teil des Besenstieles mit Baumrinde bestücken. Jedes Teil einzeln festschrauben. Diesen Schwarmfänger müssen wir jetzt für Bienen attraktiv machen. Entweder legen wir ihn in unsere Beute hinein, in einer extra aufgesetzten Leerzarge für einen Tag, oder wir beträufeln ihn mit Schwarmfanghormonen, die es im Imkerfachhandel zu kaufen gibt. Diesen so präparierten Schwarmfänger hängen wir dann in die Nähe der Bienenbeute in ungefähr drei Meter Höhe in einen Baum. Wenn alles klappt, hängt sich der Schwarm genau hier an. Wir können ihn dann einfach abhängen und in eine Beute einschlagen.

Aus Resthölzern lässt sich ein wunderbarer Schwarmfänger bauen.

Der Schwarmfänger im Einsatz.

SCHWARM EINFANGEN BRINGT IMKER ZUM SCHWÄRMEN

Grundsätzlich gelten Schwärme als friedlich, dementsprechend kursieren Bilder im Internet, auf denen sich Menschen Schwarmtrauben auf den Kopf, den Arm oder den ganzen Körper hängen. Empfehlen würde ich das nicht … Im Endeffekt hatte ich mir bei einer solchen Aktion 148 Stiche und eine Fahrt ins Krankenhaus eingehandelt. Was war passiert? Der Schwarm, den ich ohne Schutz einsammeln wollte, war vorher mehrmals von Kindern mit einem Fußball beschossen worden; kein Wunder, dass die Damen not amused waren. Ein gesunder Mensch verträgt übrigens angeblich bis zu 400 Stiche auf einmal. Ich selbst habe weit vorher Abspann gegeben und mir seitdem angewöhnt, Schwärme nur noch in Schutzkleidung einzusammeln.

Das Einfangen der Schwärme dürfte Ihnen geläufig sein: Die Schwarmtraube mit Wasser einsprühen und dann über einem Eimer abschlagen.

Haben Sie schon einmal einen Schwarm einlaufen lassen, statt diesen einfach in die geöffnete Beute zu kippen? Das sollten Sie sich unbedingt mal gönnen. Dazu ein Brett oder ein Bettlaken am Einflug der Beute befestigen, darauf den Schwarm kippen und

Wenn die Königin im Eimer ist, kommen alle Bienen hinterher.

dann zugucken. Ein tolles Naturschauspiel! Die Bienen sortieren sich innerhalb kürzester Zeit und laufen dann alle gemeinsam dem Einflugloch entgegen. Vielleicht können Sie sogar die Königin entdecken?

In der Regel dauert es eine halbe Stunde, bis alle in der Beute sind. Es sei denn, ein Regenschauer kündigt sich an, dann laufen die Bienen schneller. Falls der Regen die einlaufenden Bienen überrascht, spendieren Sie ihnen einen Regenschirm, auch Bienen werden ungern nass.

Extratipp

Der Vorteil an der Methode des Einlaufenlassens ist, dass alle verletzten oder toten Bienen gleich vor der Beute liegen bleiben. Sonst müssten die Bienen gewaltig aufräumen und alle rausschmeißen. Auch das ist naturnah!

Ich finde am Schwarmeinfangen wunderschön, dass immer eine gewisse Kreativität vom Imker verlangt wird. Nicht jeder Schwarm hängt sich in Augenhöhe an einer Hecke auf. Es gibt Schwärme auf Motorhauben, Fahrrädern, Mauern und Fußböden. Diese müssen vorsichtig mit Handfeger und Kehrblech aufgefegt werden. Andere Schwärme krabbeln teilweise in Höhlungen hinein, hier kann Rauch helfen. Manchmal sind sie unerreichbar in Baumwipfelhöhe. Hier kann man eine Art Angel bauen, oben wird eine Wabe mit offener Brut befestigt. Oft wechseln die Bienen dann auf diese Wabe über. Wer es lieber ruhiger mag, stellt auf den Boden unter oder in die Nähe der Schwarmtraube eine Beute mit einer Futterwabe und wartet einfach ab. In der Regel finden die Spurbienen diese Beute und locken die Königin dann dort hinein. Das mache ich jedes Mal, wenn ich beim Einfangen des Schwarmes nicht alle Bienen erwischt oder einen Zeitkneifer habe. Dann gebe ich die schon eingefangenen Bienen in einen großen 25-Liter-Eimer und lege oben ein Absperrgitter auf. In den frühen Abendstunden sind dann automatisch alle Bienen in den Eimer geflogen zu ihrer Königin. Deckel drauf und ab nach Hause mit ihnen. Das funktioniert aber nur, wenn die Königin im Eimer ist, sonst würden ihn alle Bienen wieder verlassen.

Wichtig!

Grundsätzlich gilt: Alles, was zu hoch hängt, bleibt da hängen. Niemals Kopf und Kragen riskieren, um Schwärme einzufangen. Nur gesicherte Leitern besteigen, Eigenschutz geht vor. Man muss auch mal verlieren können, Winken beim Abflug ist ausdrücklich erlaubt.

Der Schwarmeinlauf ist ein echtes Naturschauspiel.

Ableger ziehen – ganz entspannt

Gutes Ablegermanagement ist das Rennpferd für die nächste Saison. Hier kommen Tricks und Kniffe zum guten alten Sammelbrutableger und zur naturnahen Schwarmvorwegnahme.

Im Mai wird es in den Bienenbeuten so langsam eng. Die Königin ist in Hochform und bestiftet pro Tag mehr als eine Wabenseite. Dass dann irgendwann ein Ungleichgewicht zwischen Volksgröße und Rauminhalt der Beuten entsteht, ist keinem Imker fremd. Wer nur wenige Beuten sein Eigen nennt, ist in dieser Zeit gut beraten, regelmäßige Durchsichten zu machen. Und wer dann einfach den Hut an den Haken hängt und lieber in den Urlaub fährt, sollte sich vorher schon mal vom halben Volk und Honig verabschieden. Denn wer Bienen hat, bleibt genau jetzt zu Hause, tatsächlich brauchen sie uns nun. Da wir sie in diese Kiste gepackt und in den Garten gestellt haben, müssen wir uns jetzt auch um sie kümmern.

Kümmern heißt, die Volksentwicklung zu kontrollieren. Wenn die Bude zu eng wird, zeigen uns das die Bienen, indem sie Schwarmzellen ziehen, vor dem Einflug beschäftigungslos herumhängen und ihre Königin schon mal auf Diät setzen. Wer die Beuten nicht durchguckt, sondern lieber die Zarge nur ankippt, kann schon mal das Taschentuch zum Hinterherwinken bereitlegen. Nur durch das Ankippen der Zarge können wir nicht immer verlässlich alle Schwarmzellen finden. Diese werden nämlich gern auch mal seitwärts an die Waben angebaut. Guckt man dann nur von unten, kann man diese gar nicht sehen, weil sie sich unter den Rähmchenhölzern befinden.

Wer unter Zeitdruck steht, wählt vielleicht lieber das Ankippen, da es hier aber um das naturnahe Imkern geht, gehe ich davon aus, dass wir uns Zeit nehmen an den Bienen – und zwar so viel, dass wir alle Arbeiten mit Ruhe und Genuss ausführen können. Hektik am Bienenstand ist sowieso ein No-Go.

EINFACHES SCHWARMMANAGEMENT: DER SAMMELBRUTABLEGER

Die einfachste Möglichkeit, einen Schwarm zu verhindern, ist vorher einen Ableger zu ziehen. Und die einfachste Art des Ablegers ist der Sammelbrutableger. Ich bleibe dabei immer im Standmaß, das bedeutet, dass ich keine extra Ablegerkisten nehme, sondern den Ableger einfach mit den normalen Zargen bilde. Wenn der Zeitpunkt gekommen ist, bereite ich mir eine Beute vor und nehme diese mit zum Stand. Deckel, Folie, Zarge, Rähmchen mit Mittelwänden, so viele wie in die Zarge passen. Dazu ein Gurt und ein Fluglochkeil. Am Stand öffne ich dann die betreffenden Völker und entnehme ihnen jeweils zwei Futter-/Honigrähmchen, mindestens ein offenes Bruträhmchen und ein geschlossenes. Entnimmt man Waben aus verschiedenen Völkern, wird es ein Sammelbrutableger.

Wer vorher die Königinnen herausgesucht hat, kann alle Rähmchen mit aufsitzenden Bienen in den Sammelbrutableger hängen. Wenn die Damen nicht auffindbar waren, werden alle Rähmchen zur Sicherheit abgefegt und ohne Bienen eingehängt. Dann entnimmt man die benötigten Bienen lieber aus dem Honigraum und fegt sie von dort in den Ableger. Alle Ablegerwaben sollten nebelfeucht eingesprüht werden. Anschließend wird der Ableger geschlossen und für eine Nacht in einen kühlen Keller gestellt, oder vier Kilometer weiter weg an einen neuen Standort gebracht. Im Keller finden alle Bienen zusammen zum neuen Volk und beginnen, diverse Maden zur Königin zu füttern. Der Kellerableger wird am nächsten Tag mit einem auf sehr geringe Größe reduzierten Flugloch direkt am Bienenstand aufgestellt.

Solche Ableger sind immer ein wenig schwächer, weil die eine oder andere Biene, die sich schon eingeflogen hatte, zurück zu ihrem Muttervolk fliegt. Die Ableger, die einen neuen Standort außerhalb des alten Bienenstandes bekommen, sind dementsprechend ein wenig stärker im Vergleich.

Wird bei den folgenden Durchsichten festgestellt, dass die Völker schon wieder zu groß geworden sind, können die entnommenen Brutwaben (abgefegt) zur Verstärkung direkt mit dazu in den Ableger gehängt werden. Es muss nicht jedes Mal zwingend wieder ein neuer Ableger gezogen werden. Dieses Entfernen von Brutwaben aus den Altvölkern nennt sich auch Schröpfen.

> **Wichtig!**
> Ganz wichtig bei Ablegern: Das Flugloch niemals auf mehr als zwei Zentimeter Größe öffnen, um Räubereien vorzubeugen. Erst wenn die neue Königin geschlüpft ist, legt, alle Waben ausgebaut sind, die zweite Zarge aufgesetzt wurde und auch dort alles ausgebaut ist, kann es komplett geöffnet werden.

ULTIMATIVE SCHWARMVERHINDERUNG: DIE VORWEGNAHME

Wer mit Beutensystemen arbeitet, die keine Rähmchen haben, oder Formen, die nicht kompatibel sind, kann den Schwarm auch vorwegnehmen. Dazu braucht man die alte oder eine neue Königin. Ich nehme dazu gerne meinen Schwarmfänger. Aus dem Volk suche ich die Königin heraus und käfige sie. Den Käfig binde ich an den Schwarmfänger, lege diesen auf eine Unterlage oder ein Bettlaken direkt vor den betreffenden Bienenstock. Dann entnehme ich dem Volk Rähmchen und fege diese vorsichtig auf den Schwarmfänger ab. Die Hälfte aller Bienen fliegt zurück ins Volk, die andere Hälfte bleibt bei der Königin.

Am Schwarmfänger bildet sich sehr schnell eine Bienentraube. Diese kann ich dann anschließend in einen Schwarmfangkasten geben oder sofort in eine neue Beute einlaufen lassen. Die im Volk verbleibenden Bienen ziehen sich dann aus der offenen Brut eine neue Königin, sind erst einmal beschäftigt und werden garantiert nicht so schnell abschwärmen.

Die Königin wird für die Schwarmvorwegnahme gekäfigt.

Alle Bienen werden über den am Boden liegenden Schwarmfänger abgefegt.

Diese Technik funktioniert hervorragend bei der Bienenkugel, der Warré-Beute, dem Top Bar Hive, der Einraum- und allen anderen Magazinbeuten, bei denen Rähmchen gezogen werden können. Bei Körben kann man die Bienen in einen leeren untergestellten Korb abstoßen oder man trommelt sie ab. Dabei kippt man den besetzten Korb auf den Kopf, stellt ihn auf den Boden und stülpt den leeren Korb obendrauf. Dann trommelt man mit den Fingern auf den unteren Korb, und zwar hübsch von unten nach oben. Die Bienen reagieren auf das Klopfen mit einem Fluchtinstinkt nach oben, also in den oberen leeren Korb. Das Klopfen sollte maximal 30 Minuten dauern, dann sind in der Regel genügend Bienen nach oben gekrabbelt, mit Glück auch die Königin. Auch das ist eine Schwarmvorwegnahme.

Dieses Trommeln funktioniert mit jeder Beute, die mit Naturwabenbau arbeitet, sogar mit der Bienenkiste. Hier wird dann in der geöffneten Kiste direkt von unten nach oben auf die Waben geklopft. Vor dem Klopfen muss die Trennwand vom Honigraum entfernt werden und oben eine geöffnete Kiste aufgesetzt, in welche die Bienen hineinlaufen. Ein spannendes Schauspiel.

Wichtig!

Bitte unbedingt daran denken, dass die Bienen aus der Schwarmvorwegnahme immer Hunger haben, da sie im Gegensatz zu den gut organisierten schwärmenden Bienen keinen Honig getankt haben. Daher müssen die so neu gebildeten Ableger immer sehr gut gefüttert werden, am besten natürlich mit Honigwaben als milde Gabe von den Muttervölkern.

Das naturnahe Bienenjahr

In diesem Kapitel wird der Jahreslauf der Biene und der Imkerei beschrieben, mit allen bekannten imkerlichen Eingriffen, aber stets unter dem Aspekt des naturnahen Imkerns. Die Devise heißt entspannt zu arbeiten, besser an die Biene angepasst, wesensgemäß, ohne zu stark in die Bio-Linien abzurutschen.

Der Imker soll mehr auf das Volk hören, weniger in den Kisten herumwühlen und trotzdem immer am Ball bleiben, um die Bienen gesund durch das Jahr zu begleiten. Nicht immer ist es notwendig, bei den Durchsichten wirklich alle Rähmchen zu ziehen, meist reicht auch ein Blick auf das Brutnest aus, um die Informationen zu bekommen, die man haben möchte.

Leider ist die Meinung einiger ökologisch denkender Imker, gar nichts an den Bienen zu machen wäre die bessere Lösung – aber dem ist nicht so. Durch das Auftreten der Varroamilbe in den 1970er-Jahren müssen wir die Bienen regelmäßig behandeln, wenn wir sie nicht verlieren wollen.

Zusätzlich zu den Bienen-relevanten Informationen (Was ist los im Stock? Was hat der Imker zu tun?) habe ich mir erlaubt, quasi als Goodie jeden Monat ein kleines Honigrezept anzuhängen, damit auch die Wartezeit auf den Start der Bienensaison überbrückt werden kann. Warum sollten wir nicht ein wenig Honig für uns nutzen, naturnaher und regionaler geht es nicht. Wer hat schon solch ein fantastisches selbstproduziertes (natürlich von den Bienen) Lebensmittel in seinem Garten zur Verfügung? Warum also nicht nutzen? Keine Angst, wir benötigen immer nur Kleinstmengen!

Wichtig!

Ein kleiner Hinweis: Wir Imker wissen, dass unsere Volkseingriffe nicht an bestimmte Daten gekoppelt werden können, wir sind sehr stark von den Temperaturen abhängig. Daher habe ich zwar die einzelnen Monate benannt, bei Extremwetterlagen wie 20 Grad Celsius im Februar oder Minusgraden im April aber bitte beachten, dass die Arbeitsanweisungen dementsprechend angepasst werden müssen.

JANUAR

Im Bienenstock wird gekuschelt: Königin in der Mitte, alle anderen schmiegen sich an sie zur Traube und erzeugen mit ihrer Flugmuskulatur Wärme. Ab Mitte des Monats fängt die Königin tatsächlich an, ein paar Eier zu legen, das erste kleine Brutnest entsteht.

Die Bienen erhöhen jetzt partiell die Temperatur auf 36 Grad Celsius, damit die Eier nicht verkühlen. Wir haben jetzt noch nicht so viel zu tun. Einmal pro Monat sollten wir die Beutenböden öffnen, sofern das Beutensystem dieses erlaubt, und den Totenfall entfernen. Vorsichtig mit dem Bienenbesen herausfegen und dann am besten unter der Lupe betrachten. Hier können wir schon sehen, ob das Volk noch fit ist oder Probleme hat. Wenn man den Totenfall nicht regelmäßig entfernt, kann dieser die ganzen Boden-Gitterflächen dichtmachen und so zu Schimmel führen.

Jetzt ist eine wunderbare Zeit, sich um die Vorbereitung der neuen Bienensaison zu kümmern. Muss noch Wachs eingeschmolzen werden? Brauchen wir noch Mittelwände? Sind alle alten Rähmchen sauber und die Drähte gespannt? Sind alle Zargen sauber? Wurden die eingelagerten Honigrähmchen regelmäßig (einmal pro Monat) auf Mottenbefall kontrolliert? Was fehlte im letzten Jahr an Material und kann und muss jetzt schon besorgt werden? Ist der Bienenstand, so wie er ist, perfekt oder wollen wir die Bienen umstellen? Jetzt wäre die richtige Zeit dafür. Wie sieht unsere Urlaubsplanung aus, brauchen wir eine Vertretung, dann jetzt schon mal darum kümmern.

Außerdem können wir uns schon mal Gedanken machen, was wir dieses Jahr im Garten neu anpflanzen möchten. Bienen haben immer Hunger! Abwechslungsreiches Futter für sie bereitzustellen, gehört auch zum naturnahen Imkern (Seite 44).

Extratipp

Wenn wir neue Beutensysteme ausprobieren möchten, sollten diese zeitnah besorgt werden, damit vor der neuen Saison noch genügend Zeit bleibt, die Beuten kennenzulernen und wenn nötig zusammenzubauen.

Um sich die Wartezeit auf die kommende Bienensaison etwas zu versüßen, können wir uns Honigkaramellen gönnen. Diese sind ganz einfach und schnell vor- und zubereitet. Also ran an den Kochtopf. Mit naturnahen, selbst gewonnenen Lebensmitteln arbeiten, edler geht es nimmer!

Die Königin legt bereits das erste kleine Brutnest an.

Honigkaramell

125 g Zucker
1 Becher Sahne, 250 ml
20 g Butter
1 EL Honig, gern kräftige Sorten
1 Bogen Backtrennpapier
kleine Pralinenformen aus Papier

Sahne und Zucker in einen kleinen Stieltopf geben, verrühren und aufkochen. Dann die Butter und zuletzt den Honig mit hineingeben und verrühren. Die Masse sollte die ganze Zeit auf kleiner Flamme weiterkochen, dabei ständig rühren, damit sie nicht anbrennt. Nach ungefähr zehn bis 15 Minuten wird die Masse dickflüssiger und dunkler. Die Karamellmasse ist fertig, wenn sie die Farbe von braunen Backpapier angenommen hat und sehr dick geworden ist.

Eine Biene erntet Pollen an der Traubenhyazinthe.

Zum Test gibt man einzelne Tropfen auf eine Untertasse, lässt sie abkühlen und testet dann mit den Fingern, ob sie fest geworden ist. Ist dies der Fall, den Topf sofort von der Kochplatte nehmen und die Masse auf das Backtrennpapier gießen. Nach dem Abkühlen den Karamell mit dem Messerrücken in kleine Stücke teilen, diese dann mithilfe eines Messers in kleine Pralinenpapierförmchen legen. Dieser Karamell ist ein sehr weicher Honigsahnekaramell. Wenn er fester werden soll, einfach den Zuckeranteil erhöhen. Nicht im Kühlschrank lagern, er wird sonst flüssig. Am besten gleich aufessen!

FEBRUAR

Die Bienen warten weiter auf den Frühling. Je nach Witterung kann es jetzt schon einzelne Tage mit über zehn Grad Celsius geben oder noch eiskalte Frostnächte. Wenn wir mehr als zehn Grad Celsius bekommen, erfolgt der erste Reinigungsflug – dann unbedingt vorher das Mäusegitter entfernen, damit die Bienen zum Abkoten aus dem Stock ausfliegen können. Abends bitte das Gitter wieder einsetzen.

Notfütterung sollte niemals zur Normalität werden, auch wenn Honig dazu genommen wird.

Wichtig!

Tatsächlich sagt eine alte Imkerweisheit „Niemals vor der Stachelbeerblüte ein Volk öffnen." Wer so imkert, riskiert tote Völker durch Verhungern!

Wenn es plötzlich wieder eiskalt wird, kann das die Brut so stark schädigen, dass die Bienen das Brutnest wieder auflösen. Dann werden die Zellen geöffnet und die blaugefrorenen Puppen rausgeschmissen. Ab und an findet man sie dann auf dem Anflug- und Bodenbrett. Manchmal werden sie von den Bienen auch aufgefressen, Kannibalismus ist bei Honigbienen in dieser Zeit nicht unüblich. Jetzt macht es schon Sinn, die Beutengewichte alle drei bis vier Wochen zu kontrollieren. Wenn ein Volk extrem leicht ist, kann ein anderes Volk überschüssige Futterwaben spendieren. Alles ist besser, als Bienen verhungern zu lassen. Das kurze Öffnen des Bienenvolkes zum Wabenentnehmen und -dazuhängen schädigt weniger, als wenn wir durch Nichtstun das Volk vorsätzlich verhungern lassen.

Damit wir selbst nicht anfangen zu hungern, gibt es jetzt ein Rezept für selbstgemachte Müsliriegel, natürlich mit Honig! Noch haben wir Zeit, um solche kleinen Leckereien herzustellen.

Müsliriegel

100 g kernige Haferflocken
150 g Weizenvollkornmehl
100 g gemahlene Nüsse oder Mandeln
3 EL Sonnenblumenkerne
3 EL kleingeschnittenes Trockenobst
80 g flüssige Butter
100 g Honig

Alle benötigten Zutaten abwiegen. Das Trockenobst sehr klein schneiden oder hacken. Die Butter verflüssigen. Dann alle Zutaten in eine große Schüssel geben, erst mit einem Holzlöffel verrühren und zuletzt mit den Händen zu Teig verkneten. Der Teig wird anschließend zu kleinen Stangen gerollt und in zehn Zentimeter lange und zwei Zentimeter dicke Stücke geschnitten. Diese Stücke auf ein Backblech legen und flachdrücken. Bei 150 Grad Celsius circa 15–20 Minuten backen, bis sie hellbraun sind. Nach dem Abkühlen in Keksdosen aufbewahren.

Das Rezept kann wunderbar mit vielen anderen Trockenobstsorten variiert werden, auch Marzipan kann mit in den Teig gegeben werden, das macht die Müsliriegel noch edler. Und wer Schokolade liebt, kann sie natürlich noch in Kuvertüre tauchen. Das ist dann der Porsche unter den Müsliriegeln. Bevor wir im Frühjahr an den Bienen arbeiten, immer einen Müsliriegel mitnehmen für die Kaffeepause zwischendurch. Mit hungrigem Magen imkert es sich nicht gut.

MÄRZ

Das Schwierige am Imkern ist, dass wir uns leider nicht auf Fix-Termine verlassen können. In einem Jahr sind es im März schon 20 Grad Celsius, im nächsten haben wir Nachtfröste mit minus 14 Grad. Also nicht so sehr auf den Monatsnamen konzentrieren und verlassen, sondern lieber das Wetter und die Temperaturen beobachten. Das sind unsere eigentlichen Taktgeber – und natürlich unsere Pflanzen. Die geben die Richtung vor und setzen wichtige Impulse und Startpunkte im Bienenjahr. Irgendwann – wenn nicht schon im Februar geschehen – stecken jetzt die Krokusse ihre Köpfchen aus dem Boden. Sie sind mit die erste Nahrungsquelle der Bienen, noch wichtiger als sie ist aber jetzt die Salweide. Die liefert enorme Mengen an hochwertigem Blütenstaub und Nektar, die von den Bienen, wenn die Temperaturen passen, genutzt werden. Pollen der Hasel wird auch gesammelt, ist aber bei weitem nicht so hochwertig wie jener der Kätzchenweide.

Im Inneren des Volkes brummt es. Die Königin hat mittlerweile auf Produktion umgeschaltet und legt langsam größer werdende Brutflächen an. Die Durchlenzung steht vor der Tür, die Winterbienen verabschieden sich und die

Der Löwenzahn gehört zu den Frühjahrsblühern. Sehr beliebt bei den Bienen.

Sommerbienen übernehmen das Regiment. Der Verbrauch an Winterfutter ist jetzt so hoch wie noch nie. Die Brut schiebt Kohldampf, und es muss weiterhin massiv geheizt werden. Bevor es richtig warm wird, verbraucht das Volk jetzt pro Woche locker ein halbes Kilo Honig. Wenn die Temperaturen zum Fliegen noch zu kühl sind, unbedingt regelmäßig das Gewicht der Beuten im Auge behalten. Notfalls füttern, am besten natürlich mit eigenem Honig vom letzten Jahr oder Zuckerlösung. Das Futter muss direkt an den Bienensitz gehängt werden, oben in der Futterzarge ist es viel zu kalt.

Fluglochbeobachtungen schaden weder den Völkern noch uns, egal bei welchen Temperaturen. Es ist so eine Art Bienenstock-Zeitunglesen.

Wir können unsere Bienen jetzt regelmäßig besuchen und schön warm eingemummelt am Stand unsere ersten Tassen Kaffee trinken. Besuchen heißt, sich seitwärts an die Beuten setzen und schauen, was am Einflug so alles los ist. So können wir schon die ersten Eindrücke sammeln und uns dann, wenn es wärmer wird, die auffälligen Völker einmal näher anschauen.

Es gibt eine unglaublich leckere Backidee für die letzten schrumpeligen Äpfel aus unserem Garten, kombiniert mit Honig – ein Träumchen!

Honig-Bratäpfel

Die gewaschenen Äpfel werden entkernt und dicht aneinander in eine feuerfeste, gebutterte Backform gesetzt. Für die Füllung pro Apfel 30 g Marzipan mit einem Esslöffel Honig vermischen, ein paar Rosinen, gehackte Mandeln und eine Prise Zimt dazugeben und nochmals mischen. Diese Füllung wird dann in die Apfellöcher gegeben. Die gefüllte Backform bei 175 Grad Celsius in den Ofen geben und etwa 25–35 Minuten (je nach Apfelgröße) backen. Wenn die Äpfel zu braun werden und innen noch hart sind, einen Deckel auflegen und noch ein bisschen weiterbacken lassen. Zu den Äpfeln Vanilleeis oder Soße servieren. Traumhaft lecker! Aber bitte vorsichtig beim Essen, frisch aus dem Ofen besteht Verbrennungsgefahr.

APRIL

Jetzt sollte es wirklich so langsam losgehen. Spätestens jetzt werden die Bienen ihren Reinigungsflug durchführen. Vorher bitte an die Nachbarn denken, kurz vorwarnen, damit die frisch gewaschene Wäsche und das polierte Auto nicht vollgekleckert werden.

Eine der ersten Frühjahrsarbeiten, der Bodentausch.

Danach können wir endlich die Böden tauschen, um sie zu säubern. Bei Magazinbeuten ist das ganz leicht zu zweit machbar, bei anderen Beutensystemen eher weniger. Gut funktioniert es in den ursprünglichen Erlköniginnen-Prototypen der Bienenkugeln, dort gibt es eine Habitatschublade, die ganz einfach abzunehmen ist. In Einraumbeuten (auch Top Bar Hive) gibt es meist zumindest eine kleine Klappe, die hinten geöffnet werden kann. In den schmalen Spalt passt der Bienenbesen, um den Boden leerzufegen. In Warré-Beuten können die Böden auch getauscht werden; wenn dort im Naturwabenbau geimkert wird, lieber vorher einen Draht durchziehen, damit die Waben voneinander getrennt werden, ehe man beim Öffnen sonst das ganze Wabenwerk zerstört. In der Klotzbeute, dem hohlen Baum, säubert man den Boden durch Ankippen oder gar nicht. Körbe werden kurz zur Seite gestellt, dann Boden abfegen und Korb wieder zurückstellen. Die Bienenkiste wird einfach geöffnet und aufgestellt, so fällt das Bodengemüll von allein herunter.

Im Prinzip sind die Bienen auch selbst in der Lage, die Böden zu säubern, und machen dies in der Regel auch. Wenn die Fluglöcher aber bodenfern sind wie beim Korb, muss jeder Krümel erst nach oben geschleppt werden. Bei Magazinbeuten haben es die Bienen dementsprechend mit dem Ausräumen leichter.

Warum überhaupt saubermachen? Auf den Böden befindet sich der Wintertotenfall, mit allem, was dazugehört – auch Sporen, Bakterien, Kleinstinsekten und vieles mehr. Einiges davon ist der Bienengesundheit nicht sehr zuträglich, insbesondere wenn da noch eine dicke Schimmelschicht gewachsen ist. Kalkbrut zum Beispiel finden wir im Bodenbereich als erstes, bevor wir den Befall in der Wabe bemerken. Also unterstützen wir die Damen durch das Tauschen der Böden.

Wer in den Tagen des Reinigungsfluges die Einfluglöcher beobachtet, sieht abends viele tote Bienen am Boden liegen – das ist ein positives Zeichen. Völker, die aufräumen, sind gesund.

Wenn die Völker geflogen sind, die Böden getauscht und das Thermometer auf mindestens 15 Grad, besser noch 20 Grad Celsius geklettert ist, können wir die erste kurze Durchsicht wagen. Vor allem geht es hier um einen Überblick: Volksgröße, Brut, Futter, Gesundheit. Wer schon länger imkert, zieht dazu nicht alle Waben, sondern nur die mittleren der oberen Zarge; wenn dort Brut vorhanden ist, ist alles im Lot.

Von oben auf die Waben gucken gibt Auskunft über den Futtervorrat. Können wir verdeckeltes Futter sehen? Wenn nicht, lieber noch mal die Beute wiegen. Da ich im Herbst das Volk auf ein Rähmchen weniger eingewintert habe, entstehen bei der ersten Durchsicht auch keine Probleme mit dem Rähmchenziehen. Sonst ist das meist eine Katastrophe, einige Rähmchen werden beim Ziehen garantiert zerstört.

Einen Blick noch auf die Randwaben, verschimmelt oder nicht? Falls ja, natürlich austauschen. Danach wird die Beute wieder komplettiert, das fehlende Rähmchen dazugehängt. Wenn die Witterung warm ist und die Sonne scheint, ziehe ich gleich die Futterkranzprobe.

Wer beispielsweise in Hamburg ein Gesundheitszeugnis beantragen möchte, braucht dazu die Hilfe vom Gesundheitsobmann, hier gilt das Vier-Augen-Prinzip. Der Obmann beurteilt den Gesundheitszustand, kontrolliert die Probenziehung und bestätigt dieses dann auf den Begleitpapieren. Die Futterkranzprobe ist das einzige Instrument, um Amerikanische Faulbrut sicher erkennen zu können. Die Probe wird eingeschickt, und in der Regel erhält man das Ergebnis schon innerhalb von 14 Tagen. Diese Probe sollte man als naturnaher Imker von all seinen Völkern ziehen, egal in welcher Beute sie leben. Jedes Beutensystem, auch die Klotzbeuten, haben Möglichkeiten zum Probenziehen.

Sobald wir etwas mehr Temperatur haben, mindestens 18 bis 20 Grad Celsius, können wir auch einen kleinen Teelöffel mit an die Völker nehmen.

Extratipp

Wenn der erste Honig im Mai eingetragen ist, ein bisschen davon direkt aus der Wabe heraus naschen – es gibt nichts Besseres, es schmeckt nach flüssigem Sonnenschein. Und was noch viel interessanter ist, jedes Volk schmeckt anders.

Es bringt viel Spaß, immer mal ein wenig zu naschen. Natürlich nur dezent, aber probieren sollte man wirklich.

Bienenbrot mundet auch nicht schlecht, aber eher kräftig, körnig, leicht säuerlich. Frischer Pollen schmeckt tatsächlich staubig und irgendwie nach Blume.

Gelée royale können wir ganz vorsichtig mit einem kleinen Pinsel aus einer Zelle herausnehmen und uns auf die Fingerkuppe streichen. Dann mutig mit der Zunge ablecken. Da schüttelt es einen. Das soll der königliche Futtersaft sein? Pfui Teufel. Das Zeug ist so bitter und adstringierend, dass es einem die Löcher in den Socken zusammenzieht. Soll ja extrem gesund sein, ist aber geschmacklich eher gewöhnungsbedürftig.

Gelée royale verspricht das ewige Leben. Es ist in vielen Kosmetikprodukten enthalten, und dadurch, dass die Gewinnung sehr mühsam ist (es wird aus Weiselzellen abgesaugt), ist es auch sehr teuer. Viele Imker holen es sich für den Eigenbedarf aus dem Bienenstock. Versuchen Sie selbst, ob es die natürliche Faltenbildung verhindert – bei mir hat es nicht funktioniert, aber vielleicht werde ich ja 100 Jahre alt dank Gelée royale.

Probieren Sie doch einfach mal eine Frühjahrskur mit Gelée Royale, Honig und Pollen; mittlerweile hat sich ja gezeigt, dass die Apitherapie wirksam ist. Vielleicht testen Sie auch eine Honigmaske oder ein Vollbad mit Honig?

Übrigens

Gelée royale ist der Königinnenfuttersaft. Junge Stockbienen produzieren es in ihren Kopfdrüsen. Alle Maden, die jünger als vier Tage sind, werden damit gefüttert. Es ist eine Art Astronautennahrung für den Nachwuchs. Die Königinnen werden ihr ganzes Leben ausschließlich mit Gelée royale gefüttert. Wird eine junge Made nur damit ernährt, entwickelt sich daraus eine Königin.

Wohlfühl-Rezepte mit Honig

Für die Gesichtsmaske einfach in einer kleinen Schüssel zwei Esslöffel Honig mit zwei Esslöffel warmem Wasser verrühren, auftragen, eine halbe Stunde einwirken lassen, dann abspülen. Herrlich entspannend. Mit grobkristalliertem Honig hat die Maske sogar noch einen Peeling-Effekt.

Für ein Honigvollbad löst man zwei Esslöffel Honig in einem Liter lauwarmem Wasser auf und gibt dies ins Badewasser. Der Honig als Badezusatz wirkt entspannend und lässt unsere Haut die Feuchtigkeit besser aufnehmen. Honig enthält unter anderem Antioxidantien (Phenole, Enzyme und Pflanzenstoffe wie Flavonoide sowie organische Säuren),Vitamin A und C, die die Haut glätten und verjüngend wirken.
Im Badewasser ist er ein Jungbrunnen.

Ich finde, wir als Imker sollten uns schon mal durchs Volk probieren, das gehört dazu, es sollte nicht nur immer um den Honig gehen. Das Bienenvolk hat noch mehr Schätze auf Lager. Wir sollten schon wissen, was die Bienen so alles produzieren.
Guten Appetit!

MAI

Im Mai brennt die Hütte, jetzt gibt es mehr als reichlich zu tun. Immer einen Blick auf unsere Natur werfen, und sobald die Kirsche ihre Blüten öffnet, müssen wir bei den Magazinbeuten den Honigraum aufsetzen – unabhängig davon, ob wir den Honig ernten möchten oder ihn den Bienen belassen wollen.

Honigräume geben den Bienen mehr Platz. Wer nicht aufsetzt, kann schon mal die Schwarmfangkiste aus dem Keller holen.

Die nächste Frage ist, ob wir mit Absperrgitter imkern möchten oder nicht. In der wesensgemäßen Bienenhaltung ist es verboten. Die Königin soll frei entscheiden dürfen, wo sie ihre Eier legt. Das kann dazu führen, dass sie überall legt und somit keine einzige Wabe geschleudert werden kann. Maden im Honig machen sich nicht so gut. Ich schätze, dass von zehn Königinnen mindestens eine oder zwei in den Honigraum zum Eierlegen gehen. In meinen Magazinbeuten imkere ich mit Absperrgitter.

In meinem Korb gibt es das sowieso nicht. Hier kann ich nur erweitern durch Högeln. Dazu braucht man schmale Strohreifen, Högel, im Durchmesser passend zum Korb. Diese werden dann unter den Korb gelegt, um den Bienen so mehr Raum zu geben. Ich arbeite ohne. Meine Korbbienen sind ein Naturvolk, das sich mit seinen Räumlichkeiten arrangieren muss.

Bei der Bienenkugel wird obenauf eine normale Magazinzarge mit Rähmchen gesetzt, so dass der Honig geschleudert werden kann. Die Einraumbeuten sind alle groß genug, der Honig wird im Anschluss an die Brutwaben eingelagert. Bei den Einraumbeuten wird kein Honigraum aufgesetzt, was sie sehr rückenfreundlich macht.

Wer mit Schied arbeitet, gibt zum Start der Kirschblüte den Bienen mehr Raum. Ein Schied ist ein Brett, das etwas länger als ein Rähmchen ist und im Anschluss an das Brutnest eingehängt wird. Wer damit arbeitet, gibt seinem Volk die Größe des Brut-/Honigraums vor. Dazu braucht man viel Imkerwissen. Ich arbeite ohne Schied, ich möchte, dass meine Bienen selbst entscheiden können, wieviel Platz sie benötigen. In der wesensgemäßen Imkerei ist der Schied erlaubt.

In der Bienenkiste gibt es am hinteren Ende einen kleinen Honigraum, der freigegeben wird, indem man das Trennbrett entfernt. Die Klotzbeute funktioniert wie der Korb, auch hier kann weder erweitert noch mit Absperrgitter geimkert werden.

Wer mit Magazinbeuten imkert, setzt jetzt die Drohnenrähmchen ein, pro Zarge eines. Diese draht- und mittelwandlosen Rähmchen werden direkt an den Anschluss an das Brutnest gesetzt. Die Bienen brauchen dort viel Wärme, um Naturwabenbau zu errichten. Die leidige Diskussion in den Imkervereinen, wo der beste Platz und die beste Position für das Drohnenrähmchen ist, wird somit hinfällig. Alle Beuten, die mit Naturwabenbau arbeiten, brauchen kein Drohnenrähmchen. Dieses macht übrigens nur Sinn, wenn es regelmäßig ausgeschnitten wird. Und zwar immer dann, wenn es zu mindestens zwei Dritteln verdeckelt ist.

Von diesem Volk kann man wunderbar Königinnen nachziehen.

Jetzt, Ende Mai, wenn die Bienen anfangen sich extrem zu vermehren, ist der richtige Startpunkt für die eigene Königinnenvermehrung, falls gewünscht. Ich hänge die Zuchtleiste in meine Magazinbeuten in den obersten Honigraum ein, wenn der zweite Honigraum aufgesetzt wurde. Dieser obere ist so weit vom Brutraum entfernt, dass ich den Bienen auf diese Weise vorgaukeln kann, dass sie keine Königin mehr haben (da kaum Königinnen-Pheromon vorhanden). Hier wird genau aus dem Grund die Zuchtleiste ganz hervorragend angepflegt.

Der Mai hat es absolut in sich. Alles auf einmal, dafür hatten wir im Winter ein halbes Jahr lang Pause. Wer sich jetzt etwas Gutes gönnen möchte, der besucht Ende des Monats in der Dunkelheit seinen Bienenstand. Einfach seitlich davor hocken, Augen zu, Ohren und Nase auf. Ein unvergleichliches Erlebnis, genauso schön wie nachts die Sterne zu betrachten. Die Bienenvölker summen und brummen, dass es eine Freude ist. Sie

Wenn der Raps blüht, freuen sich Bienen und Imker.

trocknen den Nektar mit ihren Flügelschlägen. Aus dem Einflugloch wabert warmer Honigduft, ein Träumchen. Wer sich traut, darf auch gern die Handfläche an das Flugloch halten, wir können die feuchte, warme Honigluft dort fühlen. Genießen mit allen Sinnen. Das Einzige, was Sie jetzt nicht machen dürfen, ist: Licht. Dann bricht bei den Bienen Panik aus, und mit Pech kassieren Sie Stiche.

Wer im Winter Propolissalben und Tinkturen herstellen möchte, sollte jetzt ein Propolisgitter oder Gaze oben auf die Rähmchen unter den Deckel legen. Im Fachhandel finden Sie viele unterschiedliche zur Auswahl. Jetzt sammeln die Bienen diese kostbare Fracht, und ein wenig davon dürfen wir uns nun nehmen, solange es warm ist. Im Herbst die Gitter unbedingt entfernen, sie schimmeln bei Kälte leicht. Außerdem benötigen die Völker dann die Propolis selbst, um ihren Stock winterfest zu machen. Wenn die Gitter verkittet sind, werden sie entfernt und eingefroren. Danach über eine Zeitung gerollt, was die Propolis zum Abspringen bringt. Sie sollte dann bis zur Weiterverarbeitung im Herbst eingefroren werden.

Wer sich nun mal eine kurze Pause gönnen möchte: Wie wäre es mit selbstgebackenen Honigwaffeln? Dazu eine Kugel Vanilleeis? Und zur Krönung einen Teelöffel Frühjahrshonig über alles träufeln. Mir läuft jetzt schon das Wasser im Munde zusammen.

Honigwaffeln

100 g Zucker
1 Päckchen Vanillezucker
50 g Honig
75 g weiche Butter
1 Prise Salz
3 Eier
250 g Weizenmehl (dunkles Mehl geht auch, dann werden die Waffeln aber kompakter)
1 Päckchen Backpulver
2 Tassen Wasser
Margarine zum Einfetten des Waffeleisens

Alle Zutaten abwiegen, dann in einer großen Schüssel Zucker, Vanillezucker, Salz und Butter mit einem Handrührer verrühren, bis die Masse schaumig ist. Den Honig dazugeben.

Anschließend die Eier einzeln unterrühren. Mehl und Backpulver mit dem Wasser langsam dazugeben. Alles anschließend gut verrühren. Das Waffeleisen vorheizen. Ist das Eisen heiß, wird es geöffnet und leicht mit Margarine eingefettet. Jetzt eine Kelle voll Teig in das Eisen geben und vorsichtig schließen. Jede Waffel goldbraun backen. Die Waffeln schmecken auch noch am nächsten Tag lecker, falls denn welche übrigbleiben sollten.

JUNI

Im Juni steht die erste Honigernte ins Haus – oder auch nicht, je nachdem, mit welchem Beutensystem Sie unterwegs sind. Drei Wochen, nachdem der Raps/die Obstblüte verblüht ist, sollte geerntet werden.

Wer keinen Raps in der Nähe hat, kann die Frühjahrsernte auch ausfallen lassen und stattdessen nur einmal ernten, erst Mitte Juli nach der Lindenblüte. Die so entstandenen Mischhonige sind unendlich lecker. Wir schlagen dann quasi zwei Fliegen mit einer Klappe – der Frühjahrshonig verbleibt im Volk, so dass die Bienen zu keiner Zeit hungern müssen. Gerade zwischen Obst- und Lindenblüte klafft mitunter ein Trachtloch von mehreren Wochen. Wer dann seinen Frühjahrshonig komplett abgeerntet hat (es soll sogar Imker geben, die den Bienen den Honig aus dem Brutraum klauen), kann seinen Völkern beim Verhungern zuschauen.

Die Honigernte mit Beutensystemen, die mit **Naturwabenbau** arbeiten, unterscheidet sich massiv von den Magazinbeuten. Hier muss teilweise geschnitten werden, da die Königin gern ungebremst (da kein Absperrgitter) überall Eier legt. Es erklärt sich von selbst, dass hier nur eine Minimal-Honigernte stattfinden kann. Den Bienen schadet das nicht. Wenn wir durch das Entfernen von Honig dem Volk wieder mehr Platz geben, bauen die Bienen das fix wieder aus. Bienen, die bauen, machen keinen Blödsinn und sind gesund.

Beim **Bienenkorb** kann man beim Kippen den Honig schon sehen und sich ein wenig herausbrechen oder -schneiden. Vorsicht, das kleckert gewaltig! Alles, was nicht aufgefangen wird, gleich mit Wasser wegspülen, sonst wird geräubert.

Bei **Einraumbeuten** können die Naturwaben, da sie in Rähmchen stecken, relativ einfach geerntet werden. In der **Bienenkiste** gibt es am hinteren Ende einen kleinen Honigraum, hier kann geerntet werden. Beim **Top Bar Hive** verkleben die Bienen die Waben gern an der Außenwand. Hier vorsichtig lösen, damit die Waben nicht vom Oberträger abreißen. Wer mit einer **Klotzbeute** imkert, sollte schauen, ob eine Honigernte überhaupt möglich ist. Die meisten Klotzbeuten lassen sich irgendwie öffnen, manchmal durch Ankippen. Wer Honig sieht und rankommt, ohne alles zu zerstören kann sich gern ein wenig bedienen – immer hübsch in Maßen.

Wichtig!

Niemals vergessen, dass der Rapshonig den Hang hat, schnell zu kandieren, und sich dann unlösbar mit den Waben verbindet. Weder die Bienen noch der Mensch kann ihn dann noch nutzen, und das wäre verdammt schade um die schöne Pracht.

Extratipp

In der noch relativ neuen Beutenform der **Easy Bee Box** sollte auf jeden Fall geerntet werden. Die Beute ist eine recht kleine (zu kleine) Einraumbeute, mit zwei unterschiedlichen Rähmchengrößen, daher lässt sich das Volk auch nicht mit dem eigenem Honig einfüttern, weil die Honigrähmchen nicht in den Brutraum eingehängt werden können. Wer hier nicht erntet, verstärkt das Platzproblem der Bienen unnötig, was immer mit dem Abschwärmen des Volkes enden wird.

Läppertracht, von jedem ein bisschen Nektar und Pollen.

Mitte bis Ende Juni wartet die Trachtlücke zwischen Obst- und Lindenblüte auf uns. Man nennte sie auch die Zeit der Läppertracht. Die erste große Tracht ist vorüber, die nächste lässt noch auf sich warten. So sind die Bienen gezwungen, auch kleine, sonst für sie eher uninteressante Blüten anzufliegen. Es läppert sich, daher der Name. Diese Zeit ist für die Bienen nicht ungefährlich. Imker, die die Frühjahrstracht zu brutal abernten, riskieren, dass die Bienen hungern. Und wenn es ganz blöd kommt, muss sogar gefüttert werden. Dann fairerweise bitte mit dem eigenen Honig. Da Sie aber auf naturnahes Imkern stehen, gehören Sie sicherlich nicht zu diesen ungehobelten Menschen. Bitte in dieser Zeit immer mal die Beuten wiegen, wobei die Bienen sich in der Regel schon bemerkbar machen, wenn sie Kohldampf schieben. Sie werden unleidlich, genau wie ich, wenn ich Hunger habe. Als Notfütterung einfach ein bis zwei Rähmchen aus dem Brutraum entfernen und dort zwei bis drei Gläser Honig hineinstellen. Bei Magazinbeuten in den zweiten Brutraum auf die Oberträger vom ersten Brutraum. Deckel ab, und falls der Honig flüssig ist, drei Korken oben auflegen oder kleine Stöckchen hineinstecken. Durch diese Notfütterung mit eigenem Honig brauchen wir keine Angst vor einer Vermischung zu haben, mit Sirup wäre das was ganz anderes. Wenn mit Sirup gefüttert wird, bitte pro Tag nicht mehr als 500 ml, damit er verstoffwechselt wird und nicht eingelagert. Die Notfütterung sofort beenden, wenn die Tracht einsetzt. Die Gläser dann schnell entfernen, bevor sie verbaut werden, übrigens unlösbar.

Jetzt sollten Sie auch mal an sich denken – wie wäre es mit einer Kugel Honigeis? Sie haben den besten Rohstoff schon zur Verfügung, der Rest ist ganz einfach.

Honigeis

350 ml Sahne
350 ml Milch
3 Eier
Salz, Vanille
160 g Honig (wenn das Eis kräftig nach Honig schmecken soll, gern Sommerhonig nehmen)

Wir erhitzen in einem Topf unter ständigem Rühren Milch, Eier, Honig, Vanille und eine Prise Salz auf 70 Grad Celsius. Danach von der Hitze nehmen, in eine große Schüssel gießen und bis zum Erkalten rühren. Die Sahne wird aufgeschlagen und dann unter die kalte Milch-Honig-Mischung gehoben. Die Masse danach in eine große Gefrierdose füllen und einfrieren. So einfach geht Eis.

JULI

Mitte, Ende Juli ist in Norddeutschland die Honigsaison schon fast beendet. Die letzte große Tracht dort ist die Linde. Hat aber auch Vorteile, weil wir hier dann schnell einfüttern und gegen die Varroa behandeln können. In Niedersachsen gibt es noch die Spättracht „Heide“, und überall dort, wo in Süddeutschland viele Tannen zu finden sind, die Tannen- oder Waldtracht. Auch hier könnte man, wenn man naturnah imkern möchte ein großes Fragezeichen setzen: Sind Spättrachten naturnah? Ich als kleiner Hobbyimker könnte diese Frage mit Nein beantworten. Warum? Die Bienen arbeiten sich an Spättrachten auf. Sie haben am Ende des Sommers in der Regel viele Varroen im Volk, die sich lustig weiter vermehren. Wenn die Völker in die Spättracht gehen, dürfen sie noch nicht gegen die Varroa behandelt werden, weil sämtliche Behandlungsmittel in den Honig wandern würden. Also muss das Volk nochmal ran. Die kläglichen Reste der Völker werden dann meist nach der Spätrachternte von den Waben gefegt (Kunstschwarmbildung), mit Oxalsäure behandelt und mit anderen Völkern vereinigt.

Ein zweites Problem der Tannentracht ist, dass die Tannen keinen Pollen zur Verfügung stellen. Werden Bienenvölker in die Tannen gewandert und nicht vorher mit Pollenwaben bestückt, leiden die Bienen unter Mangelernährung und können unter Umständen erkranken. Ist die Spättracht also naturnah? Das muss sich jeder selbst be- und verantworten. Wer in Süddeutschland lebt, wird diese Frage mit Sicherheit anders auslegen als die Norddeutschen.

Übrigens

Seit einigen Jahren wird allgemein ein frühes Abernten forciert, um so die Jakobskreuzkraut-Problematik elegant zu umschiffen. Das Kraut bringt uns giftige Rückstände in den Honig. Da es aber erst nach der Linde zum Blühen kommt, wird durch ein frühes Abernten der Völker verhindert, dass die Bienen den Nektar zu Honig verarbeiten. Dies in Kombination mit dem zeitigen Auffüttern löst das Problem: Wenn die Hütte voll ist, passt kein Jakobskreuzkraut-Nektar mehr rein.

Also steht der Juli ganz im Zeichen des Aberntens, Einfütterns und Behandelns. Wer den Honig den Bienen belassen möchte, muss aber trotzdem die Honigräume entfernen. Die Bienen sind nicht in der Lage, vier Zargen den Winter durch zu beheizen. Da müssen wir anders herangehen. Jetzt um diese Zeit ist in der Regel der untere Brutraum fast leer. Die Königin legt weniger Eier, auch sie bereitet sich jetzt schon auf den Winter vor. Also können wir jetzt alle leeren und zu dunklen Waben aus dem unteren Brutraum entfernen und diese Freistellen mit den Honigwaben aus dem Honigraum befüllen. Danach schauen wir noch mal in den oberen Brutraum und tauschen auch hier Waben. Alles, was dann noch an Honigwaben übrig bleibt, darf der Imker mit einem guten Gewissen selbst essen.

Wenn die Waben aber lieber noch aufgehoben werden sollen, falls im Frühjahr das Futter knapp wird, ist es am besten, sie einzufrieren. Dazu einfach in einen großen Gefrierbeutel geben und ab in die Tiefkühltruhe. Das schadet dem Honig nicht. Das Problem ist meist eher der nicht vorhandene Raum in der Tiefkühltruhe, vielleicht hat die Schwiegermutter noch Platz?

Die Drohnenrähmchen werden spätestens jetzt aus den Völkern genommen. Es werden keine Drohnen mehr angepflegt, statt dessen wird auch hier Nektar abgelagert. Wenn wir diese Rähmchen im Volk belassen, sind sie im nächsten Frühjahr vielleicht noch mit Honig befüllt und wir müssten dann noch ein Drohnenrähmchen dazuhängen. Also lieber jetzt raus damit. Zusätzlich nehme ich in der oberen und unteren Zarge jeweils eins der Randrähmchen heraus. Ich überwintere meine Magazinvölker mit einem Rähmchen weniger. Warum? Dann habe ich es bei der ersten Durchsicht im nächsten Jahr viel einfacher. Die Rähmchen sind dann super einfach zu lösen, so verhindert man Wabenbruch. Jetzt können die Völker gewogen werden.

Der nächste Step ist die Varroabehandlung. Ich schenke mir das Milbenzählen und gehe davon aus, dass auf jeden Fall welche im Volk sind. Also zähle ich die Waben daraufhin, wie viele von ihnen mit Bienen besetzt sind, und bereite Ameisensäure-Dispenser vor. Im Fachhandel gibt es verschiedene Modelle, die unterschiedlich befüllt werden. Jedem der Modelle liegt eine Gebrauchsanweisung bei, aus der ein Imker die richtige Dosis der Ameisensäure – angepasst an seine Beutenformen – und die Dauer der Behandlungen ablesen kann.

Extratipp

Ich habe meinen Stand so gebaut, dass er eine Überdachung hat. Innen, unter dem Dach, liegt ein Heizungsrohr und daran befindet sich ein Flaschenzug mit einer Federzugwaage. Ich kann um meine Völker einen Gurt befestigen, diesen in die Waage einhängen und das Ganze dann mit dem Flaschenzug hochziehen. Wiegen ohne Rückenschäden.

Ich ermittle also die Volksstärke und befülle dementsprechend die Dispenser für die einzelnen Völker, schneide oder wähle die richtigen Dochtgrößen bzw. die Verdunstervliese, damit die richtige Menge an Ameisensäure pro Tag im Volk verdunsten kann. Wichtig ist hierbei, dass die Völker alle lotmäßig ausgerichtet sind, gerade stehen, damit nicht zu viel Ameisensäure aufs Vlies gelangt. Die Dispenser werden in einer Leerzarge oben auf die Rähmchen gesetzt oder in ein Leerrähmchen montiert.

Alle anderen Beutenformen bekommen bei mir Milchsäure, die ich nebelfeucht auf Waben und Bienen sprühe. Der Naturwabenbau lässt sich mit Fingerspitzengefühl vorsichtig auffächern, so dass ich die kompletten Wabenflächen erwische. Da die Milchsäure nicht in die Brut wirkt, bekommen meine Naturvölker drei Mal hintereinander im Abstand von sieben Tagen Milchsäure.

Wichtig!
Viele meiner naturnahen Beuten werden auch von Bücherskorpionen bevölkert, eine Ameisensäurebehandlung wäre für sie tödlich. Milch- und Oxalsäure dagegen werden gut vertragen.

Natürlich ist eine Ameisensäurebehandlung meilenweit von naturnah entfernt, wer mag schon Säureduschen und Dämpfe in seiner Wohnung? Aber hier muss ein funktionierender Kompromiss gefunden werden. Nicht behandeln ist tödlich. Mir ist noch kein varroaresistentes Volk bekannt. Kein Medikament wirkt zu 100 %, aber es gibt garantiert Rückstände im Wachs. Ist das naturnah? Die Varroaforschung hat noch keine Lösung parat. Natürlich gibt es die Diskussionen, dass man mit Behandlung das Ausbilden natürlicher Resistenzen verhindert. Leute, jeder muss das machen, was er selbst verantworten kann, man muss sich entscheiden und man sollte dazu stehen. Shitstorm hat noch niemandem geholfen, und da ich keine Wissenschaftlerin bin, kann ich Gott sei Dank das machen, von dem ich der Meinung bin, dass es im Moment am besten für meine Bienen ist, Amen.

Was gar nichts bringt, ist eine Dauerbehandlung, wenn immer noch Milben fallen. Dann wird das Volk akut geschwächt, war es aber vermutlich vorher auch schon. Von daher bitte während der laufenden Saison immer wieder die Bienen am Einflug beobachten. Wenn dort auf dem Boden nämlich vermehrt Krabbler auftauchen, muss vorzeitig behandelt werden. Diese Krabbler sind missgebildete Bienen mit verkümmerten Flügeln. Sie sind während der Entwicklung massiv von den Varroen geschädigt und nach dem Schlupf gleich rausgeschmissen worden. Wenn solche Völker nicht zeitnah behandelt werden, verliert man sie noch vor dem Winter. In diesem Falle würde man die Honigräume einem anderen Volk aufsetzen. Wenn die Behandlungen abgeschlossen sind, dann haben wir und unsere Bienen sich Urlaub verdient.

Wie wäre es jetzt mit einer kleinen Erfrischung?

Honiglimonade

7–8 unbehandelte Bio-Zitronen
7 EL Honig
1 l Sprudelwasser oder kochendes Wasser

Die Zitronen werden gut gewaschen und ausgepresst. Von mindestens einer vorher die Schale abreiben. Zitronensaft und -schale mit dem leicht angewärmten Honig in einem Messbecher verrühren, dann das Wasser dazugeben und nochmals verrühren. Eine halbe Stunde ziehen lassen und anschließend mit Eiswürfeln servieren. Herrlich erfrischend. Wer es gerne heiß mag, kann statt Sprudel auch kochendes Wasser nehmen.

AUGUST

Wer mit Behandlung und Einfüttern im Juli noch nicht fertig geworden ist, der kann das Ganze auch noch in den August mit hineinziehen, aber es macht durchaus Sinn, sich zu sputen. Die Varroa hält nicht die Füße still, und je später wir einfüttern, desto wahrscheinlicher wird eine Räuberei.

Im August kommen auch gern mal die Wespen zu Besuch. Nicht nur zu uns auf die Terrasse, auch die Bienenvölker werden kontrolliert, ob sich hier ein Überfall lohnt. Wenn der Einflug zu groß und das Volk zu klein ist, haben die Wespen hier ein leichtes Spiel. Nicht die Wespen sind dumm, der Imker war es. Wespen sind die Gesundheitspolizei, sie überfallen vorzugsweise kleine, geschwächte und kranke Völker.

Jetzt im August gibt es die Drohnenschlacht, die Herren werden aus den Völkern geschmissen. Warum? Sie fressen zu viel, das Volk würde sonst im Winter verhungern.

Ansonsten gibt es jetzt nicht mehr viel zu tun. Bitte nicht den Bienensitz, die Anordnung der Waben, verändern. Die Bienen sind schon seit einiger Zeit dabei, sich ihren Wintersitz einzurichten. Ich pfusche den Damen nicht ins Handwerk, bei mir dürfen sie sich einrichten, wie sie das bevorzugen. Woher sollte ich auch mit meinem Menschensinn wissen, was gut für sie ist? Ich hasse es in den Kisten rumzuwühlen, alles auseinanderzureißen und nach meinem Gutdünken neu zusammenzustellen. Ich glaube, meine Bienen wissen hier viel besser was für sie gut ist. Meine Naturvölker müssen das sowieso selbst machen, weil ich dort, Gott sei Dank, nichts abändern kann.

Extratipp

Wer Ende August noch Drohnen lustig ins Volk fliegen sieht, sollte sich die Königin und ihr Brutnest nochmal anschauen – wahrscheinlich ist sie alt, krank oder ihr Samenvorrat erschöpft. Glauben Sie Ihren Bienen und spendieren Sie dem Volk noch schnell eine neue Majestät.

Als um die Jahrhundertwende der Stabilbau, die Rähmchen, erfunden wurden, war das sicherlich nicht immer zum Vorteil der Biene. Die Erfindung kam

Honiglimonade, schnell gemacht und eine tolle Erfrischung für heiße Tage.

vom Menschen, wen wundert's? Hier war mal wieder der schnöde Mammon unterwegs, reine Profitgier, um noch mehr Honig gewinnen zu können.

Meine Völker haben alle ihr Futter anders abgelagert, ihre Pollenwaben an anderen Positionen und fressen sich anders über den Winter durch das Futter. Das kann man hervorragend mit einer Wärmebildkamera dokumentieren. Und trotzdem gehen diese Völker gesund und stark durch den Winter, erstaunlich eigentlich, oder? Das nennt sich auch naturnah imkern.

Ich möchte Ihnen hier nur Mut machen, sich auch mal etwas zu trauen und gegen den Strom zu schwimmen. Ich weiß, der Altimker sagt gern mal, das hat man immer schon so gemacht. Warum es jedoch immer schon so gemacht wurde, diese Antwort bleibt er oft schuldig (bin echt gespannt auf die Buchrezensionen).

Nun habe ich eine richtig schöne Sommerende-Backidee, ein Kartoffelbrot mit Honig.

Honig-Kartoffelbrot

300 g Kartoffeln
1 kg Mehl (gern kräftige, grobe Mehle)
4 TL Salz
4 EL Honig
2 Päckchen Hefe
500 ml Buttermilch

Die Kartoffeln schälen und garkochen, danach mit der Buttermilch stampfen wie Kartoffelbrei. In eine große Backschüssel füllen und abkühlen lassen. Dann die restlichen Zutaten dazugeben und verkneten. Jetzt mindestens eine Stunde an einem warmen Ort ruhen lassen. Wenn der Teig sich verdoppelt hat, in zwei Hälften teilen und nochmals kneten. Dann zwei Brotlaibe daraus formen und auf ein Backblech legen. Gut mit einem Tuch abdecken. Nochmals ruhen lassen, bis der Teig merklich größer geworden ist, etwa eine halbe Stunde lang. Backen bei 175 Grad Celsius, circa 45 Minuten. Das Brot muss sich beim Klopfen auf den Boden hohl anhören, dann ist es gut durchgebacken. Schmeckt fantastisch mit Butter und Honig, lässt sich auch sehr gut einfrieren.

SEPTEMBER

Ich wiege gern auch im September nochmals meine Völker. Es kann immer einmal sein, dass ein Volk bereits jetzt zu viel Futter verbraucht hat. Gab es Räuber zu Besuch, oder sind vielleicht noch Drohnen im Volk? Jetzt ist es noch Zeit einzugreifen. Also schweren Herzens noch einmal kurz öffnen und schauen, was da los ist. Wenn ich Drohnen sehe, kann noch umgeweiselt werden. Wenn Futter fehlt, kann jetzt nachgefüttert werden, vielleicht sind noch Honigwaben übrig?

Das Honigkartoffelbrot schmeckt für süße und salzige Aufstriche himmlisch gut!

Wie kalt ist es jetzt, sinken die Nachttemperaturen schon weit unter zehn Grad Celsius? Dann würde ich die Mäusegitter schon einsetzen. Wenn es sich tagsüber noch bei 20 Grad Celsius einpendelt, ist das zu früh, weil die Bienen sicher noch gut fliegen. Dann würden sie die Pollenpakete am Mäusegitter abstreifen und verlieren, was schade wäre.

Ab August mache ich keinerlei Durchsichten mehr, nur bei bestätigten Sonderfällen schaue ich maximal noch mal kurz in das Volk und ziehe nur noch eine der Mittelwaben. Jetzt haben die Bienen ihr Zuhause winterfest gemacht. Alles ist mit Propolis und Wachs abgedichtet. Wenn ich nun noch einmal die Folien abnehme, zerstöre ich ihre ganze Arbeit.

Ich ernte niemals im Herbst Propolis. Propolis brauchen die Bienen den Winter über selbst, es ist ihre funktionierende Win-

Extratipp

Diese Zeit ist immer ein wenig kritisch, weil die Mäuse jetzt auf Winterquartiersuche sind und ein Bienenvolk für sie das Schlaraffenland ist. Also hübsch aufs Thermometer gucken und Gitter lieber zu früh als zu spät einsetzen.

terapotheke. Wer Propolis ernten möchte, macht das am besten vom Mai bis Juli. Es jetzt den Bienen zu klauen, ist grob fahrlässig und garantiert nicht naturnah.

Nun ist die Zeit, sich um unseren Honig zu kümmern, haben Sie schon einmal einen Bärenfang/Honiglikör gemacht? Wenn er jetzt angesetzt wird, können Sie ihn zu Weihnachten verschenken.

Bärenfang

500 g Honig
750 ml Alkohol, 37%ig

Der Honig sollte leicht erwärmt werden auf maximal 40 Grad Celsius, damit er flüssig wird, oder Sie nehmen den Sommerhonig, der noch flüssig ist. Beides zusammen wird in einem großen Messbecher verrührt. Wer mag, kann Gewürze zufügen: Zimt, Anis, Piment, Ingwer etc. Dann alles zusammen in eine große Flasche füllen und mindestens vier, besser sechs Wochen auf der Fensterbank stehen lassen. Jeden Tag einmal schütteln und danach über einen Kaffeefilter abseihen. In kleine hübsche Flaschen geben und dann noch ein wenig nachreifen lassen.

Probieren Sie gern unterschiedliche Honigsorten: Dunkle Sorten schmecken kräftiger, helle Sorten lieblicher. In kleinen Dosen genossen sehr lecker, im Winter am Kamin mit Freunden zusammen und dann gemeinsam über die Bienen reden und sich auf die nächste Saison freuen.

OKTOBER

Jetzt gibt es nur noch Kontrollgänge zum Bienenstock. Sitzt der Deckel fest, sonst einen Stein auflegen. Sitzt das Mäusegitter? Jetzt muss es rein. Liegen Blätter vor den Eingängen? Fallen Äste auf die Beute, gibt es freche Meisen, die auf dem Einflugbrett Bienen abernten? Zum Schutz Volierendraht oder Vogelnetze über die Beute spannen. Hatten die Bienen Spechtbesuche?

Wenn es jetzt schon sehr kalt ist und die Bienen nicht mehr fliegen, kann einmal im Monat das Bodenbrett gesäubert werden. Bei den meisten Beutensystemen gibt es hinten Klappen zum Öffnen. Pro Monat sammelt sich dort eine Handvoll toter Bienen. Werden es zu viele, kann das Bodengitter sich zusetzen und die Lüftung ist nicht mehr gewährleistet. Das Ganze bitte sehr vorsichtig ohne große Erschütterungen ausführen. Körbe würde ich nicht mehr ankippen, da die Bienen den Boden der Körbe am Brett verkittet haben.

Wer ein Stethoskop besitzt, kann seine Bienen sogar im Winter belauschen. Am besten funktioniert das natürlich bei Holzbeuten.

Nun ist ein guter Zeitpunkt, Bienenstöcke umzustellen. Dabei aber bitte immer mit Vorsicht arbeiten, damit es keine großen Erschütterungen gibt. Bei Minusgraden würde ich davon allerdings abraten, dann könnte die Wintertraube abreißen und die Bienen würden erstarren.

Wenn an den Bienen nicht mehr so viel zu tun ist, können wir uns um die Bienenprodukte kümmern. Wie wäre es mit Met? Ich denke, auch das gehört zum naturnahen Imkern dazu – sich um die Weiterverarbeitung der tollen Rohstoffe zu kümmern, die uns unsere Bienen zur Verfügung stellen. Es geht hier nicht darum, alles an Honig aus den Bienenvölkern zu kratzen, sondern dezent zu entnehmen, und für einen tollen Met brauchen wir tatsächlich nicht mehr als drei Kilogramm des flüssigen Bienengoldes. Es gibt wunderbar einfache Rezepte, die man mit wenig Material auch zu Hause herstellen kann. Übrigens spreche ich nicht von der widerlichen, süßen und klebrigen Plörre, die man auf dem Weihnachtsmarkt kaufen kann, sondern von einem wunderbar trockenen und spritzigen Met, der eher an einen leichten Weißwein als an einen Honigwein erinnert.

Vorweg zur Erklärung: Bei der Metherstellung vergärt die Hefe mithilfe von Zucker (Honig) im Ansatz. Es entsteht Alkohol und Kohlensäure. Wenn der Ansatz durchgegoren ist, wird er von der Hefe abgezogen, das heißt in einen anderen Behälter umgefüllt, ohne den Bodensatz (abgestorbene Hefe). Anders als beim Bierbrauen kann man diese Hefe nicht noch einmal verwenden. Dann bleibt der blinde Jungwein schön gekühlt im Keller stehen, um klar zu werden, alle Trübstoffe sinken jetzt zu Boden. Danach kann ich ihn in einen süßen Met verwandeln (Honig-Zugabe) oder einfach so in Flaschen abfüllen.

Die Süße gibt es erst kurz bevor der Met in die Flaschen wandert dazu. Vom Ansatz bis zum Fertigstellen können zwei bis mehr als sechs Monate vergehen. Im Frühling, direkt nach der Honigernte angesetzt, wird er wegen der Wärme sehr schnell durchgären, im Herbst braucht er bis weit ins neue Jahr hinein. Optimale Gärtemperatur wäre 21–24 Grad Celsius.

An Material benötigt man lebensmittelechte Behälter, wie etwa Glasballons: einen mit 15 Liter für den Ansatz und einen mit zehn Liter für die Klärphase. Ein Gärverschluß wird gebraucht, eine Saftkappe mit Loch passend für die Glasballons. Ein Weinheber, ein Thermometer, ein großer Trichter, eine Flaschenbürste, Weinhefe, Hefe-

Für die Herstellung von Met muss alles gut vorbereitet werden.

nährsalz, Milch-oder Zitronensäure, Wasser möglichst weich und natürlich Honig. Außerdem Apfelsaft, ein Apfel und drei Mispeln.

Eine Woche, bevor man zur Tat schreitet, wird die Hefe angesetzt. Dazu füllt man die gekaufte Flüssig- oder Trockenhefe nach Anleitung in den Apfelsaft. Am besten in einer kleinen Flasche, die mit einem Wattebausch geschlossen wird.

Met/Honigwein

3200 g Honig (hier kann man wunderbar Deckelwachs von der Schleuderung auswaschen)
750 ml Apfelsaft
7 l Wasser
4 g Hefenährsalz (Weinzubehör)
35 ml Milchsäure 80%ig oder Zitronensäure
1 Apfel
3 Mispeln

Der Honig wird aufgetaut (maximal 40 Grad), so dass er gerührt werden kann. In einen großen Honigeimer werden dann drei Liter vom 25 Grad Celsius warmen Wasser gegeben und dort mit dem gesamten Honig verrührt. Auf den 15-l-Glasballon wird der Trichter aufgesetzt und die Honig-Wasser-Mischung eingefüllt. Der Apfel und die Mispeln werden geschält und gerieben (ohne Kerne) und dann mit einem kleinen Löffel ohne Trichter in den Ballon gegeben. Danach die Säure dazugeben, das Hefenährsalz in einem Esslöffel Wasser auflösen und auch dazugeben. Dann folgt der Apfelsaft und bis auf zwei Liter das restliche Wasser. Bevor der Hefeansatz dazugegeben wird, bitte unbedingt die Temperatur des Ansatzes messen. Wenn sie zwischen 22 und 25 Grad Celsius liegt, kann die Hefe dazugegeben werden. Bei mehr als 25 Grad würde sie absterben. Anschließend das restliche Wasser (bitte wieder auf die Temperatur achten) einfüllen.

Auf den Glasballon wird die Saftkappe gezogen, notfalls vorher in sehr heißem Wasser einweichen. In das Loch der Saftkappe wird der Gärverschluß gesetzt, dieser mit Wasser befüllt und zum Schluss mit Watte verschlossen. Die Watte sorgt dafür, dass keine Obstfliege hineinkommen, aber die Kohlensäure entweichen kann.

Diesen Ansatz jetzt möglichst in einen gleichmäßig temperierten Raum stellen, 21 bis maximal 25 Grad Celsius warm. Je nach Temperatur können jetzt fünf Tage vergehen, bis die Gärung einsetzt, es fängt an gemütlich vor sich hin zu blubbern, und wenn die stürmische Gärung einsetzt, entsteht eine gewaltige Schaumkappe. Daher brauchen wir für den Weinansatz von zehn Liter immer einen größeren 15-Liter-Glasballon, damit genügend Steigraum vorhanden ist.

Dieser Metansatz braucht jetzt je nach Temperatur vier Wochen bis drei Monate zum Durchgären.

Wenn der Met gärt, blubbert er im Sekundentakt.

Wenn er nicht mehr blubbert, muss er rasch von der Hefe abgezogen werden. Mit dem Weinheber wird er jetzt in den 10-l-Glasballon gefüllt. Wieder mit einem Gärverschluß schließen und kühlstellen. Jetzt beginnt die Klärphase. Wenn nach ein paar Wochen der Met blank geworden ist, ist er fertig. Um zu testen, ob er keinen Druck mehr bildet – was Flaschen zum Platzen bringen könnte – entweder eine Probeflasche befüllen und 14 Tage auf die Fensterbank legen oder den gesamten Met in einem Kochtopf kurz auf 75 Grad Celsius erwärmen.

Der Jungmet kann dann mit Honig nachgesüßt oder mit Gewürzen verfeinert werden. Hier ist Ihre Fantasie gefragt. Auf einen Liter mit 20 Gramm Honig beginnen, dazu einfach einen Liter Jungmet in einen Messbecher geben und

Wenn der Met klar ist, kann er abgefüllt werden.

dann experimentieren. Danach kann der Met wieder mit dem Weinheber auf Flaschen gezogen werden.

Wer die Flaschen verkorken möchte, muss sich vorher Korken und einen Handverkorker besorgen. Naturkorken 24 Stunden vorher einweichen.

Der Met wird durch lange Lagerung noch besser im Geschmack. Von daher nicht gleich alles austrinken, sondern einige Flaschen zurückhalten, es lohnt sich. Das Rezept lässt sich variieren. Wer mehr Süße haben möchte, kann die Säure reduzieren – aber nicht komplett weglassen. Die Mispeln sorgen für eine gute Klärung, sind aber kein Muss. Große Geschmacksunterschiede sind durch andere Honigsorten zu erzielen, versuchen Sie mal Sommerhonig.

Gutes Gelingen und Prost, Sie werden erstaunt sein, wie leicht und elegant dieser Met geworden ist.

Extratipp

Wer den Met vermarkten möchte, erkundigt sich bitte vorher über die geltenden gesetzlichen Regelungen unter „Leitsätze für weinähnliche und schaumweinähnliche Getränke“ und das Weingesetz von 1930.

NOVEMBER

Jetzt bitte gut die Temperaturen beobachten und nach dem ersten Frost drei Wochen dazuzählen, um dann die Völker, die jetzt brutfrei sind, mit Oxalsäure zu behandeln. Diese abschließende Varroabehandlung ist sehr wichtig, damit die Varroen noch einmal dezimiert werden und die Völker gesund über den Winter kommen. Mit der Ameisensäure am Ende des Sommers erwischen wir niemals alle Varroen, jetzt haben wir die Möglichkeit, noch einmal einzugreifen.

Am besten funktioniert diese Behandlung, wenn die Völker brutfrei sind. In der Regel reicht eine Frostnacht, damit die Königin das Eierlegen einstellt. Die beste Behandlungstemperatur liegt zwischen plus und minus fünf Grad Celsius, weil die Bienen dann schön in der Wintertraube hängen. Alle meine Völker werden behandelt, ohne Ausnahme. Ich träufele die Oxalsäure mit einer großen Spritze langsam auf die Bienen in den Wabengassen. Vorher einen Blick auf die Bienenmenge, die ausschlaggebend für die Dosierung ist, was bei Körben und Klotzbeuten nicht immer ganz einfach ist. Daher baue ich eigentlich alles so, dass ich entweder von oben oder von unten an die Bienen kann.

Der Korb wird zum Behandeln gekippt und in den Arm genommen, somit wird die Oxalsäure beim Korb von unten auf die Bienen gegeben. Bitte sehr, sehr vorsichtig, die Naturwaben sind jetzt so kalt, dass sie herausbrechen könnten. Im Anschluss bitte wieder exakt auf den alten Platz zurückstellen, damit der Korb von unten abgedichtet ist. Wenn das nicht klappt, unten am Boden ein Seil umwickeln. Magazinbeuten müssen eventuell angekippt werden, wenn die Traube unten hängt, daher bitte bei der Oxalsäurebehandlung immer zu zweit arbeiten.

Extratipp

Setzen Sie zum Behandeln immer einen Hut auf, da garantiert ein paar Bienen auffliegen werden – und diese können prima stechen, auch im Winter.

Einer öffnet oder kippt, der andere guckt, berechnet die Bienenmenge und träufelt die Säure auf.

Meist gibt es nur ein kurzes Behandlungsfenster, daher nutzen Sie es. Um Weihnachten herum haben wir sehr häufig höhere Plusgrade. Und spätestens im Januar ist Schluss mit Brutpause, dann legt die Lady wieder.

Schon alle Weihnachtsgeschenke besorgt? Wenn nicht, wie wäre es mit selbstgemachter Propoliscreme? Nun ist die passende Zeit, dann wird alles noch rechtzeitig zu Weihnachten fertig. Jetzt können wir unsere gesammelte Propolis nutzen.

Propolissalbe

Wenn wir Propolissalbe machen wollen, müssen wir erst einmal Tinktur herstellen. Dazu benötigen wir eine kleine Flasche, Propolis und 70%igen Alkohol. Die eingefrorene Propolis wird aufgetaut und anschließend in einer alten Kaffeemühle mit Schlagwerk zu Pulver vermahlen (die Mühle kann nur noch für diese Zwecke genommen werden). Optimal wäre es, eine Lösung herzustellen, die 20 % Propolis enthält.

Das Pulver wird dann in die Flasche gegeben und mit Alkohol aufgegossen. Flasche verschließen, für vier Wochen auf die Fensterbank stellen, jeden Tag einmal aufschütteln. Danach wird die Tinktur über einem Kaffeefilter abgegossen. Sie ist unser Ausgangsprodukt für die Salbenherstellung.

Wir brauchen:
15 g Bienenwachs
30 g Lanolin aus der Apotheke
55 ml Olivenöl
50 ml Propolistinktur
kleine Salbendöschen aus der Apotheke

Benötigt werden ein kleiner Kochtopf und ein feuerfestes Glas, in dem wir die Salbe rühren. In den Kochtopf wird ein bisschen Wasser gegeben und das Glas hineingestellt. In das Glas kommen das Bienenwachs und das Lanolin. Rühren, bis sich beides aufgelöst hat. Dann wird das Olivenöl tröpfchenweise eingerührt. Das Glas aus dem Topf nehmen und die Tinktur unterrühren; wenn sich Klumpen bilden, wieder in den Kochtopf zurückstellen, dann braucht es mehr Hitze. Wenn die Salbe glattgerührt ist, wird sie in die kleinen Döschen abgefüllt. Der Rest im Glas kann mehrfach wieder erwärmt werden.

Diese Salbe bitte gut abkühlen lassen und erst dann Deckel aufsetzen. Sie ist für alle Einsätze geeignet, von trockenen Lippen, eingerissenen Daumenkuppen bis zu Narbennachbehandlung und mehr, sogar Hundepfoten im Winter träumen von der Salbe. So einfach wie die Herstellung, so großartig ist die Wirkung. Pollenallergiker aber bitte Obacht, immer erst testen, ob die Salbe vertragen wird.

Gesammelter gereinigter Roh-Propolis.

DEZEMBER

Wenn die Oxalsäurebehandlung noch nicht im November gemacht wurde, ist es nun allerhöchste Eisenbahn. Ab Januar wird die Königin wieder Eier legen, somit ist die brutfreie Zeit dann vorbei. Oxalsäure wirkt nicht in die verdeckelte Brut.

Wichtig!

Jetzt nicht das Bodenfreiräumen vergessen. Sollte es ordentlich schneien, immer kontrollieren, ob die Einflüge frei sind. Wenn nicht, Völker freischaufeln, so dass genügend Sauerstoff in die Beuten kommt und die Damen nicht den Lawinentod sterben.

Ansonsten gibt es jetzt nichts zu tun am Stand. Regelmäßige Kontrollen wie in den Vormonaten auch sollten aber nicht vergessen werden. Wenn es um Weihnachten herum plötzlich milde wird und Tagestemperaturen von über zehn Grad zu erwarten sind, sollten morgens dic Mäusegitter herausgenommen werden, damit beim Herausfliegen kein Stau entsteht. Abends die Mäusegitter wieder einsetzen. Bienen fliegen sogar wenn Schnee liegt, dann findet man abends ihre Spuren vor der Beute und sicherlich auch einige tote Bienen. Diese haben die Chance genutzt, um draußen sterben zu können – ein letzter Flug der Sonne entgegen. Und dann heißt es warten, bis endlich das Frühjahr kommt und der Kreislauf von vorn beginnt.

Und noch eine extrem naturnahe Weihnachtsgeschenkidee: Sie vermeidet nämlich Müll, weil fast alles in solchen Wachstüchern verpackt werden kann, um so Folie und Plastik zu vermeiden und einzusparen. Die Tücher einfach in unterschiedlichen Maßen fertigen, dann kann sogar ein Brotleib damit eingepackt werden.

Anleitung für selbstgemachte Wachstücher

Benötigt wird Baumwollstoff, gewaschen. Es gibt sogar wunderbare Bienenstoffe, eine Bezugsquelle finden Sie im Serviceteil. Bienenwachs sollten Sie als Imker genug haben, am besten Jungfern- oder Deckelwachs. Auf ein Bügelbrett Backtrennpapier auflegen, darauf den Stoff und auf den Stoff wiederum kleine Wachsteilchen auflegen. Lieber wenig als zu viel. Dann obenauf ein zweites Backpapier auflegen und nun mit dem Bügeleisen, Einstellung Baumwolle, so lange bügeln, bis das Wachs schmilzt und in den Stoff eingezogen ist. Die Stellen, die kein Wachs abbekommen haben, noch nachlegen.

Um ein Wachstuch herzustellen, braucht man nicht viel.

Danach, wenn das Wachstuch abgekühlt ist, wird der Rand mit einer Zackenschere geschnitten, damit er nicht ausfranst. Das Tuch sollte nicht mit zu viel Wachs getränkt werden, dann ist es nicht geschmeidig genug. Es gibt viele Wachstuch-Anleitungen, bei denen noch zusätzlich mit Ölen gearbeitet wird, damit die Tücher flexibler werden. Dieses Öl wird am Anfang mit aufgetropft. Verwenden Sie bitte nur Öle, die nicht ranzig werden. Einige Rezepte enthalten auch Propolistinktur, die aber leider unschöne Flecken auf die Tücher bringt. Auch hier hilft nur Ausprobieren. Die Tücher können in lauwarmem Spülwasser gereinigt werden und sind wirklich ein heiß begehrtes Weihnachtsgeschenk oder Mitbringsel. Wer nicht bügeln möchte, kann die Tücher auch im Backofen herstellen, einfach alles wie oben beschrieben auf ein Backblech legen. Aber den Raum nicht verlassen, um kontrollieren zu können, dass es nicht zu heiß wird.

Andere verwenden flüssiges Wachs und tragen dieses mit einem Pinsel auf. Ich bevorzuge das Bügeleisen, es geht am schnellsten und saubersten. Viel Spaß beim Ausprobieren, und nehmen Sie lieber nicht einfarbige helle Stoffe, sondern gemusterte, falls mal ein Topfen daneben geht.

Gleichmäßig bügeln, damit das Wachs überall gleich gut in den Stoff einzieht.

Tafel
Latein

Überlieferte Unsitten, Fehler & Fettnäpfchen

Vielfach haben sich alte Imkerunarten eingeschlichen, die den Bienenvölkern das Leben zur Hölle machen können – oder sie verlässlich gleich umbringen.

Und mit Sicherheit haben solche Unsitten beim naturnahen Imkern nichts verloren. Diversen Kriterien wird oft viel zu viel Gewicht zugebilligt, und es existieren überlieferte Aussagen, mit denen selbst fortgeschrittene Imker immer noch überfordert sind. Hier kommt die Aufklärung dazu.

WARMBAU KONTRA KALTBAU

Ein wunderbares Thema für einen Imkervereinsabend, bei dem sicherlich Stimmung aufkommen wird. Schade ist, dass meist um die eigene Meinung gekämpft wird, frei nach dem Motto: Was ich sage, ist Gesetz und somit richtig. Worum geht es hier aber?

Mit Warm- respektive Kaltbau ist die Baurichtung der Waben zum Flugloch hin gemeint. Wenn die Waben quer zum Flugloch hängen, spricht man von Warmbau. Irgendjemand meinte wohl, dass die einzelnen Waben hinter dem Flugloch so das Hineinwehen kalter Luft verhindern. Kaltbau wird es dementsprechend dann genannt, wenn die Rähmchen längs zum Flugloch hängen. Den Bienen ist das herzlich egal. Wenn man Nester in hohlen Bäumen beobachtet, bauen die Bienen gern beide Varianten, erst quer, dann längs. Das Einzige, was an dieser Debatte wichtig ist: Möglichst immer so hinter oder seitlich an der Beute stehen, dass wir die Rähmchen gleichzeitig mit beiden Händen gut fassen können, also im Warmbau zu uns hin gesehen. Dann ist es ergonomisch betrachtet perfekt. Wer beim Rähmchenziehen immer übergreifen muss, spürt das anschließend in Nacken und Schultern.

HOFFMANNSEITEN ODER ABSTANDSNÄGEL

Hoffmannseiten werden Rähmchen genannt, die sich seitlich nach oben verbreitern. Dann kann man Rähmchen an Rähmchen schieben, ohne Angst zu haben, dass man den Beespace nicht einhält. Es gibt Imker, die die Hoffmannseiten als Bienenquetsche verdammen. Ich finde die Variante ganz praktisch, und wer die Rähmchen beim erneuten Hineinhängen langsam nach unten gleiten lässt, quetscht auch keine Bienen; die haben dann nämlich genug Zeit, die Seiten zu verlassen. Wer hektisch ist und ständig unter Zeitdruck, sollte lieber Rähmchen mit Abstandsnägeln nutzen oder sich ein anderes Hobby suchen.

Abstandsnägel werden oben seitlich an die Oberträger genagelt. Dann berühren sich die Rähmchen nur am Nagelkopf. Schwierig wird es, wenn die Beuten bewegt werden, weil diese Rähmchen immer herrumwackeln und dann tatsächlich Bienen gequetscht werden.

KORREKTUREN IM BRUTNEST

Noch heute wird in sehr vielen Imkerbüchern immer wieder darauf hingewiesen, dass man das Brutnest mittig hängen sollte und müsste. Dass man im Herbst den Wintersitz der Bienen ausrichtet, dass Pollenwaben immer an den Rand gehängt werden sollen und vieles mehr. Ich glaube nicht, dass Bienen dumm sind, ich überlasse alle Inneneinrichtungsfragen meinen Bienen selbst, weil ich Hobbyimkerin bin und nicht vom Verkauf des Honigs lebe. Wenn meine Bienen der Meinung sind, dass sie mit dem Bau des Brutnests an der Seite anfangen, dann werden sie – denke ich mir – einen Grund dafür haben.

Alle Waben immer vorsichtig wieder einhängen, damit die Brut nicht beschädigt wird.

Pollenwaben dürfen meine Bienen dort hinbauen, wo sie mögen. Die Königin bestiftet die Waben immer auf beiden Seiten, es wirkt nicht wie ein Stoppschild. Häufig lese ich das Gegenteil.

Ich entferne keine Waben und rücke das Brutnest auch nicht in die Mitte, sondern freue mich lieber über die vielen Varianten, die meine Völker in petto haben. Das Einzige was ich mache, zumindest bei meinen Magazinvölkern: Ich tausche dort regelmäßig alte Waben aus und gebe dann Mittelwände. Pro Jahr strebe ich dort 30 Prozent Wabentausch an, damit sich keine Sporen oder andere Krankheitskeime ausbreiten. Schwarze „Schinken" schmeiße ich raus. Ansonsten gilt hier: Die Damen sind die Innenarchitekten, und ich bin, wenn der Ausbau abgeschlossen ist, zum Bewundern da. Das ist naturnahes Imkern.

Es spricht nichts dagegen, Waben zu ziehen, aber sie sollten anschließend genau an die gleiche Stelle wieder eingehängt werden – und richtig herum, sonst passt die folgende Wabe nicht mehr dazu. Dann werden die Honigzellen zerrissen, Honig läuft hinaus, Brutzellen werden beschädigt und nichts passt mehr. Anschließend haben die Bienen den ganzen nächsten Tag mit Renovierungsarbeiten zu tun, um all das zu reparieren, was wir durch unsere Unachtsamkeit oder Ignoranz zerstört haben. Wem das häufiger passiert, der sollte die Waben an einer Seite alle auf dem Oberträger mit einem roten Punkt versehen.

KIPPKONTROLLE

Bei der Kippkontrolle werden die einzelnen Zargen angekippt und dann die Unterträger der Rähmchen auf Schwarmzellen kontrolliert. Funktioniert meist schlecht, wenn man es allein machen muss, und weil man die Schwarmzellen häufig nicht sehen kann. Diese befinden sich nämlich gern seitlich am Rähmchen oder unter dem Wabenende, verdeckt vom Unterträger.

Erfunden wurde die Kippkontrolle, um die Schwarmkontrollen schneller durchführen zu können. Warum aber muss alles immer so schnell gehen? Ich mache meine Durchsichten lieber mit Ruhe, als Zargen auf die Beuten zu kippen. Dabei muss man nämlich immer auch mit viel Rauch arbeiten, weil man sonst beim Zurückkippen jede Menge Bienen plattquetschen würde. Wer mehr als 20 Völker hat, wird eher kippen, wer nur wenige Völker sein eigen nennt, hat den Luxus, sich Zeit nehmen zu können.

EINGRIFFE IN DEN WÄRMEHAUSHALT

Zu diesem Thema gibt es, wen wundert es, mindestens zwei Meinungen, die so weit voneinander entfernt sind wie die Sonne zum Mond. Schauen wir uns dazu das ursprüngliche Habitat der Bienen an, den hohlen Baum. Der Baum ist hervorragend isoliert, durch sein eigenes Material.

Naturnester haben oft Wandstärken von mehr als 15 Zentimetern. Dazu kommt ein kleines Flugloch, durch das wenig kalte Luft ins Nest eintreten kann. Hier können die Bienen hervorragend wärmen, ohne dass zu viel nach draußen geheizt würde. Die Wärme kann im Baum hervorragend gespeichert werden, ohne dass große Temperaturunterschiede zwischen Tag und Nacht entstehen. Das verhindert auch Kondenswasser. Bienen im Baum gehen viel später in die Wintertraube.

Wie sieht es bei den heutigen Magazinbeuten aus? Die modernen haben einen offenen Gitterboden. So weiß das Volk zu jeder Zeit, wie kalt es draußen ist. Der tiefere Sinn ist, dass so die Königin nicht zu früh anfängt zu brüten. Da fragt man sich natürlich, ob die Königinnen in den hohlen Bäumen unwissend waren oder keine Instinkte besaßen? Fakt ist, dass die heutigen eckigen Beuten allesamt Probleme mit Feuchtigkeit im Inneren haben. Die Ecken sind kühl, und dort kondensiert das Wasser. Der Mensch kennt das Problem, auch Zimmerecken an Außenwänden neigen zum Schimmel, verursacht durch Kälte und Feuchtigkeit. Daher müsste man eigentlich noch heute die Bienen in hohlen Bäumen halten, zumindest, wer naturnah unterwegs ist.

Die Bienenkugel bietet einen runden Brutraum, Körbe sind rund, und auch die Klotzbeuten haben innen keine Ecken. Jetzt müssen Sie leider selbst entscheiden, was sie Ihren Bienen anbieten möchten. Die eierlegende Wollmilchsau gibt es auch hier leider nicht, mache Beuten sind näher dran, andere halt meilenweit entfernt vom Optimum.

REIZFÜTTERUNG

Zu Unzeiten, wenn (noch) keine Tracht blüht, wird flüssig gefüttert, um die Bienen zum Anlegen großer Brutnester anzuregen. Die Bienen sollen so schnell wie möglich groß werden, damit sie die kommenden Trachten voll ausschöpfen können. Das ist die sogenannte Reizfütterung.

Es ist ein Spiel mit dem Feuer. Wenn die Brutflächen größer werden, benötigen die Bienen noch mehr Futter, und falls die Witterung dann immer noch nicht warm genug ist, wird die Gefahr des Verhungerns sehr groß. Dann muss man nämlich am Ball bleiben und ständig weiter füttern.

Die Reizfütterung wird schon viele Jahrzehnte praktiziert, gilt heute aber als umstritten, zumindest auf dem Sektor des naturnahen Imkerns. Hier sollen die Bienen sich auf ihre eigenen Instinkte verlassen und selbst entscheiden, wann die Königin größere Brutflächen anlegt.

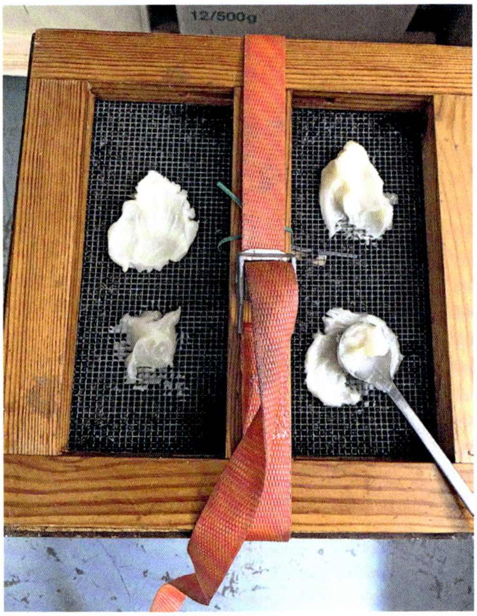

Hier wird ein Schwarmfangkasten gefüttert. Das ist sinnvoll und hat nichts mit der Reizfütterung zu tun.

WANDERN

Ist Wandern naturnah oder nicht? Wandern bedeutet, die Bienen mit den Kisten in die Tracht zu bringen, weil sich diese nicht in ihrem Flugradius befindet. Wandern ist für die Bienen sehr stressig; sie hassen Erschütterungen.

Wenn man mit Bienen wandert, schließt man die Beuten, spannt Gurte herum und stellt sie ins Auto oder auf einen Anhänger. Dann fährt man zur Tracht, stellt die Bienen dort auf und öffnet die Fluglöcher. Die Bienen fliegen sich auf den neuen Standort ein und sammeln dort Nektar. Die Beuten sind mitunter mehr als 50 Kilogramm schwer, ein gewichtiges Thema also, so eine Wanderung.

Ich bleibe mit meinen Bienen hübsch zu Hause. Ich selbst empfinde es als stressig, die Bienen hin- und herschleppen zu müssen. Sie regen sich sehr auf und produzieren dabei Temperaturen, die das Wachs zum Schmelzen bringen können, wenn man nicht aufpasst. Bei heißen Tagestemperaturen ist das Wandern tabu, es würde die Bienen umbringen, sie verbrausen. Dann muss in den kühleren Abendstunden gewandert werden.

Berufsimker sind häufig nachts unterwegs. Statt der Deckel werden dann Oberlüfter (Gitter) auf die Völker gelegt, damit sie beim Fahren nebelfeucht mit Wasser besprüht werden können. Das Kühlen beugt dem Verbrausen vor. Gewandert wird ausschließlich, um bestimmte Honigsorten, Sortenhonige, ernten zu können. Also mal wieder der schnöde Mammon.

Ich finde aus der eigenen Region gewonnenen Honig sehr reizvoll, weil er tatsächlich jedes Jahr anders schmeckt. Auch wenn die Bienen immer am gleichen Platz stehen. Ich denke, auch hier kann man eindeutig sagen, dass Wandern mit Bienen nicht naturnah ist. Entscheiden muss sich letztendlich aber jeder selbst; wer scharf auf Rapshonig ist und die benötigten Felder sich nicht im Flugradius seiner Bienen befinden, der muss sich entscheiden, ob er wandert – oder sich den Rapshonig lieber von einem Kollegen kauft.

POLLEN ERNTEN

Pollen erntet man, indem man so genannte Pollenfallen vor dem Einflug befestigt. Dann müssen die Bienen durch ein engmaschiges Gitter klettern, um in ihren Stock zu gelangen. Haben sie Pollen im Gepäck, wird der vom Gitter abgestreift und fällt in eine Bodenschale. Dort erntet der Imker ihn, um ihn anschließend gleich zu trocknen, da Pollen sehr schnell anfängt zu schimmeln.

Warum werden Pollen überhaupt vom Imker geerntet? Entweder um sie hochpreisig zu verkaufen oder um sie selbst zu essen. Der Witz an der ganzen Sache ist, dass nicht aufgespaltener Pollen von uns gar nicht verdaut werden kann, weil seine Zellwände härter sind als ein Diamant. Also einfach als Topping auf Salat oder Joghurt zu bröseln, ist ungefähr genauso sinnvoll, wie Ziegen mit Pappe zu füttern.

Bienen verarbeiten den Pollen mit Hilfe ihrer Drüsensekrete und spalten ihn so auf, um ihn dann zu Futterbrei für die Maden zu verarbeiten. Wenn wir den Pollen aber vor dem Einflug abfangen, ist er noch unverarbeitet.

Reiner Rohpropolis auf den Oberträgern. Hier kann geerntet werden.

Sinnvoller wäre es, das Perga zu ernten. So nennt man das Bienenbrot, von den Bienen fermentierter, in Zellen gelagerter Pollen. Das sieht natürlich optisch nicht so lecker aus, weil der Pollen viel dunkler und fast ölig erscheint, außerdem wird, um das Perga zu ernten, die Wabe zerstört. Egal wie wir es drehen: Durch das Ernten von Pollen oder Perga schädigen wir vermutlich das Volk. Dem Volk Vorräte zu stehlen, ist nicht naturnah.

Der Trick ist hier, maßvoll zu ernten. Gibt es viele Blüten, die reichlich Pollen im Angebot haben, kann man auch mal Pollen ernten. Aber nicht mehr als einen Tag, besser nur ein paar Stunden, damit das Volk die dringend benötigten eigenen Vorräte anlegen kann. Im Schnitt hat jedes Volk ein Kilo Pollen gelagert. Im Verständnis der Bienen ist dies die Menge, die ausreicht, um sicher über ein paar Regentage zu kommen. Wenn man bei Versuchen alle Pollen aus Völkern entfernt, fangen die Bienen sofort an zu sammeln, bis wieder ein Kilo eingelagert ist.

Der gesamte Pollen für den Winter wird komplett zu Bienenbrot verarbeitet, damit er sich lange hält. Angeblich sind die Seefahrer früher mit Pollenwaben im Gepäck unterwegs gewesen, um Skorbut vorzubeugen. Also, wenn Pollen im Überfluss vorhanden sind, bekommt der Imker auch ein bisschen ab, Naschen erlaubt, Sattessen nur für die Bienen.

PROPOLIS ERNTEN

Vorweg ein paar wichtige Fakten zu diesem „Wunderstoff" der Bienen. Der Name Propolis kommt aus dem Griechischen und bedeutet soviel wie „vor der Stadt". Propolis enthält unter anderem Harz, ätherische Öle, organische Säuren, Mineralstoffe und Flavonoide. Jede Propolis hat eine andere Zusammensetzung. Sie wird schon seit Jahrtausenden von den Menschen angewendet. Die alten Ägypter nutzten sie in der Medizin bei der Behandlung von Wundbrand und zum Einbalsamieren. Stradivari hat seine Geigen übrigens auch mit Propolis lackiert, daher vermutlich der so unglaublich einzigartige Klang seiner Instrumente.

Propolis ist ein natürlich vorkommendes, hochwirksames Antibiotikum, das bis heute nicht zur Ausbildung von Resistenzen geführt hat: Es gibt bis heute keinen Bakterienstamm, der gegen Propolis resistent ist. Sie wirkt entzündungshemmend und schmerzstillend und hat keinerlei Nebenwirkungen.

Es existieren sogar wissenschaftliche Untersuchungen zum Thema Corona und Propolis, leider noch nicht mit konkreten Ergebnissen, ich bin aber sehr gespannt darauf. Pollenallergiker sollten dennoch bei Tinkturen mit Propolis vorsichtig sein, bei Gebrauch von Salben aber nicht, weil diese meist einen zu geringen Pollenanteil haben.

Die Bienen sammeln das Knospenharz an warmen Sommertagen, indem sie es abnagen und dann im Höschen nach Hause bringen. Das ist für die Bienen extrem mühsam. Die Bienen fermentieren das Knospenharz und reichern es zusätzlich mit körpereigenen Substanzen aus ihren Drüsen an, so entsteht Propolis.

Übrigens

Bevorzugt werden Pappeln, Birken, Erlen, Ulmen und Buchen zum Sammeln beflogen, wobei das Knospenharz der Pappeln als das hochwertigste gilt.

Im Bienenstock ist es mit 36 Grad Celsius im Sommer sehr warm, es herrscht dort immer eine sehr hohe Luftfeuchtigkeit und auf engstem Raum leben mehrere Tausend Bienen. Dass es dort nicht zum Ausbruch von Krankheiten und Seuchen kommt, liegt am Einsatz von Propolis. Die Bienen nutzen Propolis außerdem zum Abdichten aller zugigen Stellen im Stock und desinfizieren die gesamte Beute von innen. Den Einflug bestreichen sie mit Propolis als Seuchenschutzteppich und Schutzwall.

Bienen nutzen Propolis aber auch zum Einbalsamieren von größeren Feinden, die sich in der Beute einschleichen, wie Mäuse und Hummeln. Diese werden erst abgestochen, dann rasiert und komplett mit Propolis lackiert, somit hermetisch abgedichtet. Perfekt, oder? Im Stock der Bienen wirkt Propolis antiseptisch und antibakteriell, das Innere einer Bienenbeute ist sauberer und steriler als ein OP-Saal.

Und da der Imker das alles weiß, ist er natürlich scharf auf das Zeug. Für Propolis gilt jedoch das Gleiche wie für das Pollenernten: Alles in Maßen ist erlaubt, Plündern verboten.

Propolis sollte sowieso nur im Sommer geerntet werden. Ab Herbst dichten die Bienen Ritzen und Spalten damit ab, um die Bude winterfest zu machen. Wenn wir dann die Propolis entfernen, haben die Bienen ein großes Problem. Kittharz, Knospenharz, aus dem die Bienen mithilfe ihrer Sekrete Propolis herstellen, kann nur bei Temperaturen von 20 Grad Celsius und mehr geerntet werden. Dann ist die richtige Zeit, Propolisgitter auf die Völker aufzulegen. Die Bienen verkitten das Maschengewebe, der Imker nimmt die Gaze ab, friert sie ein und klopft oder rollt dann die Propolis dort heraus.

Der Imker nutzt sie als Rohstoff für die Herstellung von Propolistinktur und -salben. Es ist ein uraltes, hochwirksames Hausmittelchen. Wenn hier in Maßen geerntet wird, ist alles ok. Unter 20 Grad Celsius ist aber Schluss mit lustig. All das, was jetzt noch im Volk ist, brauchen die Bienen selbst. Es ist die Hausapotheke der Bienen, zum Desinfizieren der Beuten, zum Einbalsamieren für Eindringlinge im Winter und zur Gesunderhaltung des Volkes. Bienen nutzen Propolis wie eine Medizin, da sie natürliche Antibiotika enthält. Dies sollte auch der Imker beachten. Egal was er daraus herstellt, es ist eine Medizin und kein Pflegeprodukt für die tägliche Verabreichung.

KLOPFKONTROLLE IM WINTER

Wer im Sommer gegen Beuten klopft, hat entweder Langeweile, ist ein Schüler bei einer Mutprobe oder möchte wissen, ob sein Volk noch eine Königin hat. Wer klopft, bekommt eine laute Reaktion der Bienen, ein genervtes Aufbrausen. Ist die Lady zu Hause und intakt, beruhigt sich das Volk sehr schnell wieder. Weisellose Völker aber bleiben laut.

Wer im Winter klopft, riskiert den Verlust des Volkes. Denn dies erschreckt die Bienen so sehr, dass sie unter Umständen – da ihre Kotblase schon reichlich gefüllt ist – auf den Waben abkoten. Jede Erschütterung regt die Bienen auf und lässt sie sofort Futter aufnehmen, um neue Energie für was-auch-immer bereitzuhalten.

Und was ist, wenn das Volk im Winter laut bleibt? Dann wissen wir, dass die Königin nicht mehr da ist – aber was dann? Vereinigen wir dann mal schnell das Volk bei minus fünf Grad Celsius mit einem anderen, oder besorgen wir bei Frost noch schnell eine neue Königin von irgendwoher, um sie schockgefrostet dann einzuweiseln?

Wer fragt, bekommt Antworten, auch wenn die einem dann nicht gefallen … und schon hat man den Salat. Also besser nicht klopfen, sondern das Frühjahr abwarten und dann, wenn die Temperatur passt, lieber mal auf die Waben schauen, da sollte die Antwort zu sehen sein. Ach ja: Klopfen ist nicht naturnah.

DER KÖNIGIN DIE FLÜGEL BESCHNEIDEN

Oh Graus, wer macht denn sowas? Sie werden es nicht glauben, auch diese Unart ist weit verbreitet. Warum beschneidet man der Königin den einen Flügel? Nicht anders als bei Hühnern – damit sie nicht wegfliegen kann. Wer auf einer Seite zu kurz ist, kommt beim Fliegen bekanntlich ins Trudeln. Bei der Königin bedeutet das: Sie kann beim Schwarm nicht mitfliegen und fällt stattdessen ins Gras, wo der Imker den Schwarm dann mehr oder weniger bequem mit Handfeger und Schaufel auffegen kann. So der Plan.

Seit langer Zeit ist bei Hunden das Ohren- und Schwanzkupieren verboten, warum bei den Bienenköniginnen nicht das Flügelbeschneiden? Mir graut es jedes Mal, wenn ein älterer Kollege mit dicken Brillengläsern auf der Nase mir erzählt, er hätte neulich seiner Königin die Flügel beschnitten – was er ihr wohl noch abgeschnitten hat? Mein Großvater hatte seinem Kanarienvogel mal die Krallen geschnitten, danach hat der Vogel nie wieder gesungen, warum wohl?

Also bitte niemanden etwas abschneiden, maximal Sie sich selbst die Fingernägel. Aber Schere weg von den Königinnen bitte! Das hat eher etwas mit Tierquälerei als mit naturnah zu tun.

KÜNSTLICHE KÖNIGINNEN-BESAMUNG

Haben Sie sich schon mal die Gerätschaften angeguckt, die benötigt werden, um eine Bienenkönigin künstlich zu besamen? Da bekommt man Angst um das Leben der Königin und ich Unterleibsschmerzen. Das Gleiche dürften die Her-

Zeichnen der Königin ist ok, ihr die Flügel zu beschneiden, aber nicht!

ren der Schöpfung empfinden, wenn den Drohnen die Samen abgesaugt werden. Die Apparaturen sehen aus wie aus einem OP-Saal entwendet.

Wenn Sie auf Imkermessen gehen, schauen Sie sich die Gerätschaften einmal näher an. Aber nicht nur das, sondern beobachten Sie auch das Publikum, das sich für diese Technik interessiert. Das sind gestandene Männer, sehr selten Frauen, die in einer ganz anderen Liga spielen als wir, die ökologisch selbstgestrickten Bienenstreichler. Jeder muss selbst entscheiden zu welchem Lager er gehört, ich kenne meinen Platz.

Ich möchte gar nicht daran denken, was die Königin von dem Prozess so alles mitbekommt. Sie wird zwar betäubt, aber … Irgendwie erschließt sich mir auch nicht der tiefere Sinn, warum man dort eingreifen muss. Wieso muss es reinrassige Bienen geben, sind die Feld-, Wald- und Wiesenbegattungen nicht in der Regel sogar fitter und gesünder? Und warum zum Kuckuck muss sich der Mensch hier einmischen? Meine Königinnen dürfen selbst entscheiden, wann, wo, mit welchen und wie vielen Drohnen sie sich paaren.

PAKETBIENEN BESTELLEN

Paketbienen werden meist in Kunststoffgitter-Kisten verschickt. Inhalt: eine gekäfigte Königin und Arbeiterinnen, ein bisschen Futter, mit Glück Wasser, keine Waben reisen mit.

Bienen verschicken geht schon mal gar nicht. Ich bin sicher, dass es in fast jeder Region bei uns Bienen gibt und auch Imker, die bereit sind, welche zu verkaufen – warum also nicht regional einkaufen? Reisen bedeutet für die Bienen immer Stress. Das zweite Problem bei diesen Paketbienen ist, dass sie sehr oft ursprünglich aus dem Ausland stammen. Die wahre Adresse wird meist durch mehrere Zwischenstopps und Umdeklarierungen verschleiert. Im schlimmsten Fall kommen die Bienen nämlich aus Italien und haben den Bienenstockkäfer im Gepäck. Das wäre der absolute Supergau, gleich nach der Varroa. Meine Bitte an Sie: Niemals im Internet Paketbienen bestellen.

Eine Drohne ist kuschelig und behaart wie ein Bär.

DROHNEN SCHNEIDEN

Hier haben wir wieder eine Zwickmühle. Natürlich kann es nicht sein, dass man Drohnen opfert, um den Varroadruck niedrig zu halten. Das ist mit Sicherheit nicht naturnah, wenn es um das Tierwohl geht. Aber im Moment gibt es tatsächlich keinen besser wirksamen Eingriff, um die Völker gesund durchs Jahr zu bekommen.

Die Varroen gehen bevorzugt zur Vermehrung in Drohnenzellen, weil diese drei Tage länger verdeckelt sind und somit den Varroen einen extra-Vermehrungsgang spendieren. Also wird die Drohnenbrut, wenn mehr als zwei Drittel verdeckelt sind, bewusst vom Imker aus den Völkern entfernt und vernichtet. Wir opfern also quasi einen Teil der Männer.

Ich habe tatsächlich jedes Mal ein wenig Bauchschmerzen dabei. Aber so lange wir noch kein anderes hochwirksames Werkzeug zur Varroa-Dezimierung während der Brutsaison zur Hand haben, ist dieses Gemetzel vielleicht entschuldbar? Jeder muss sich selbst entscheiden. Ich liefere hier nur die Fakten.

TOTALE BRUTENTNAHME

Die Idee ist ganz einfach: Wir entfernen nach der zweiten Honigernte alle Brutwaben aus den Völkern und schmelzen diese ein. Danach wird gegen die Varroa behandelt und das Volk ist frei davon, weil es keine Brut mehr besitzt. Mittlerweile eine gern angewendete Technik.

Das ist eigentlich Völkermord. Wir opfern dabei die gesamte Brut und hoffen, dass die Königin rasch neue Brut anlegt, damit das Volk stark in den Winter geht. Es ist eine ziemliche Materialschlacht, weil viele Rähmchen ausgeschmolzen, anschließend gesäubert und mit neuen Mittelwänden eingelötet werden müssen.

Tierwohl geht anders und naturnah auch. Alternativen wären: Aus der Brut Ableger bilden, alles schlüpfen lassen und dann behandeln. Oder einfach die Finger von diesen Riesen-Eingriffen zu lassen.

KUNSTSTOFFRÄHMCHEN

Man kann seit längerem Kunststoffrähmchen im Imkerfachhandel kaufen, die Nordwabe. Sie wird meist im Honigraum eingesetzt. Warum? Weil diese Rähmchen beim Schleudern nicht zerbrechen können. Allerdings nehmen die Bienen sie auch ungern an, daher müssen sie vor dem Einsetzen mit Bienenwachs beschichtet werden. Entweder taucht man sie in flüssiges Wachs oder bepinselt sie damit.

Die Kunststoffwaben kommen häufig in Großimkereien zum Einsatz, im Ausland häufig sogar im Brutraum. Wer mit Biosiegel imkern möchte, darf keine Kunststoffwaben verwenden. Und ich denke, auch die Bienen würden sich diese Waben nicht aussuchen, wenn man sie fragen könnte.

KLEINERE BRUTZELLEN

Die normale Zellgröße der käuflichen Mittelwände beträgt 5,4 Millimeter, verlässlich. Einige Wissenschaftler haben sich in der Vergangenheit damit beschäftigt, den Varroabefall in Zusammenhang mit der Größe der Brutzellen zu setzen. Sie haben den Völkern kleinere Zellen zur Verfügung gestellt, um so kleinere, kräftigere Bienen zu bekommen. Mittlerweile hat man festgestellt, dass diese Forschung eine Art Rohrkrepierer war: Es gibt keinerlei Zusammenhang zwischen Zellgrößen und Varroabefall.

Ich empfehle Naturwabenbau, dann haben die Bienen ihre eigenen Baupläne in petto. Ich denke, sie wissen ganz genau, was ihnen guttut oder auch nicht.

DIE RASSENSCHLACHT

Die meistverbreitete Bienenrasse in Deutschland ist die Carnica, gefolgt von der Buckfast, einer englischen Zuchtrasse. Seit wenigen Jahren rückt auch immer wieder die Dunkle Biene in den Fokus als Anwärterin auf die ursprünglichste Bienenrasse. Viel von den Urvölkern ist allerdings nicht mehr vorhanden. Der Mensch züchtet seit etlichen Jahrzehnten lustig drauflos, komme was wolle. Die Ergebnisse kennt jeder Imker: Bienen, die noch nicht einmal mehr in der Lage sind, sich selbst den Rücken zu putzen.

Ich empfehle meinen Anfängern grundsätzlich, eine regionale Rasse zu wählen. Welcher Rasse die Bienen letztendlich angehören, ist eher zweitrangig, wichtiger ist, dass die Bienen friedfertig sind. An den meisten Standorten bringt eine reinrassige Biene eh nichts, weil sich wahrscheinlich im Flugradius zu viele andere Imker mit ihren Völkern befinden. Somit ist die schönste Reinrassigkeit dahin, wenn die ersten Jungköniginnen von rassefremden Drohnen begattet werden. Solche Aktionen lohnen sich nur bei Insel- und Gebirgslagen, wo der nächste Kollege in einer Entfernung von mindestens 20 Kilometer imkert.

Außerdem sind die Unterschiede der einzelnen Rassen meist sehr geringfügig. Die eine entwickelt sich im Frühjahr schneller, die andere ein wenig später. Das Einzige, was stimmt: Buckfast ist bunter als Carnica. Wer es also optisch hübscher haben möchte, sollte sich Carnica holen, wenn der Nachbar Buckfast hat.

Einer der Bienenzuchtversuche, bei dem so einiges schiefgelaufen ist, dürfte die Afrikanisierte Honigbiene sein, auch bekannt als Killerbiene. Sie wurde mit den europäischen Bienen gekreuzt (erst 1957), um mit der neuen Rasse möglichst viel Honig gewinnen zu können. Diese Bienenrasse erwies sich als hochpotent, aber auch nicht zu beimkern, weil sie angreift. Diese Bienen würden einen Menschen töten, weil sie nicht wie unsere nordeuropäischen das Angriffsverhalten sofort wieder zurückfahren, sondern weiter angreifen, bis der Mensch – oder wer auch immer dort steht – tot umfiele. Und trotzdem gibt es Imker, die mit diesen Bienen arbeiten, weil diese Rasse eine unglaubliche Menge an Honig einträgt.

Angeblich sind dieses Killerbienen Varroa-resistent. Wer es nicht glaubt, sollte sie einmal gut geschützt besuchen?

Übrigens

Die Bienenstöcke sind in Amerika in Wüstengebieten außerhalb der Zivilisation aufgestellt. Wenn es an die Ernte geht, kommt meist ein Esel zum Einsatz. Im Internet sind wunderbare Fotos von einem Esel im Imkeranzug zu finden. Der arme Kerl hat sich nämlich nach seinem ersten Honigernteeinsatz strikt geweigert, jemals wieder zu den Bienen zu gehen, also hat sein Imker ihm einen Anzug genäht. Solche Anzüge sind übrigens doppellagig und überall an den Stulpen mit Panzertape gesichert.

ENZYM-SIRUP, MEDIKAMENTE, POLLENERSATZNAHRUNG

Der Mensch meint es immer gut und versucht oft mit überflüssigen Mitteln, egal in welcher Form, Tiere in ihrer Gesundheit zu unterstützen. Man kennt das in allen Bereichen der Haustierpflege. Das Hundeshampoo für den sportlichen Hund, das Katzenfutter für die reife Katze und vieles mehr.

Die Industrie nimmt sich natürlich auch gern der Biene an. Sie ist mittlerweile in aller Munde, also taugt sie zum Werbeträger, um kräftig mit ihr Geld zu verdienen. Da es anstrengend sein kann, Zucker mit Wasser zu verrühren, hält der Fachhandel **Futtersirupe** bereit. Dass diese mit künstlichen Enzymen versetzt sind, interessiert keinen. Hauptsache nicht rühren müssen.

Auch Sirupe auf Maisstärke sind im Angebot – eigentlich ein Abfallprodukt. Vor einigen Jahren gab es hier einmal einen Skandal, das Futter kandierte unlösbar in den Zellen, so dass die Bienen auf vollen Waben im Winter verhungerten. Der Mensch kauft Bio, edel und teuer, und was bekommt die Biene? Keine feine Art.

Extratipp

Die vernünftigste Möglichkeit ist es natürlich, den Bienen so viel eigenen Honig zu belassen wie möglich. Sollte das aber nicht möglich sein, rühre ich Zucker mit der Hand zu Sirup, dann weiß ich wenigstens, was ich füttere.

Im Bereich der **Varroamedikamente** existieren immer mehr Mittel auf dem Markt. Einige führen zu Resistenzen, andere bilden Rückstände in Wachs und Honig, weil sie fettlöslich sind. Und trotzdem sind sie immer noch nicht vom Markt verschwunden. Es gibt Gels, imprägnierte Streifen, Pülverchen und andere Darbietungsformen. Bekannt ist sogar, dass sie nicht besser wirken als die organischen Säuren wie Ameisen-, Milch- und Oxalsäure. Und trotzdem werden sie gekauft und tonnenweise in die Völker gebracht, warum? Weil sie einfach in der Anwendung sind. Menschen glauben an Medikamente.

Des Weiteren gibt es die Unart, Bienen **Pollenersatznahrung** zu verabreichen, um die Völker so schnell wie möglich wachsen zu lassen. Diese Powernahrung enthält auch Hefen – nicht ungefährlich, was die Gärung in Hinblick auf den Honig bewirken könnte. Fakt ist: Wenn sich genügend Blühpflanzen quer durch das ganze Jahr in erreichbarer Nähe des Bienenvolkes befinden, braucht man eigentlich nichts zusätzlich. Die Völker können sich selber bevorraten und gesund ernähren. So einfach ist das.

KÜNSTLICHE PHEROMONE

Im Handel erhältlich sind künstlich hergestellte Pheromone, zum Beispiel für den Schwarmfangkasten: Da enthält es Orangen-, Limetten-, Zitronen- und Geranienöl. Diese Öle und Aromen sind die Hauptkomponenten des Orientierungspheromons der Bienen. Es gibt Pheromonlockkapseln, die auch in Schwarmfangkästen eingesetzt werden können. In erster Linie aber werden sie in weisellosen Völkern eingesetzt, um ihnen vorzugaukeln, dass eine Königin vorhanden sei.

Ein anderes künstliches Pheromon, das in Deutschland aber noch nicht erhältlich ist, wird auf Trachtpflanzen ausgebracht, um eine noch bessere Bestäubung durch Bienen zu erreichen.

Im Ausland gibt es ein weiteres künstliches Pheromon, das dem Volk eine größere Larvenanzahl suggeriert. Es handelt sich hierbei um ein künstlich hergestelltes Brutpheromon, das normalerweise in den Speicheldrüsen der Larven produziert wird. Die Königin legt dann mehr Eier, mehr Bienen befinden sich auf lange Sicht im Volk, die Sammelbienen tragen vermehrt Pollen ein. Dieses Pheromon setzt man im Ausland ein, um schwache Völker aufzupäppeln und Völker im Frühjahr auf eine vorzeitig große Volksstärke zu bringen – für Massen-

Eigentlich sind die Drohen doch viel zu niedlich, um sie zu verfüttern, oder?

bestäubungen und Monokulturen. Vergleichbar ist dies mit dem Einsatz von Antibiotika in der Tiermast. Somit sind auch künstlich hergestellte Pheromone in keinem Falle als naturnah einzustufen.

DROHNENWABEN IN DIE BÄUME HÄNGEN

Das ist eine wirklich uralte Imkerunsitte, mittlerweile sogar verboten. Über solche Waben freuen sich nämlich nicht nur die Vögel, sondern auch die eigenen und fremde Bienen. Wir lösen damit eine mordsmäßige Räuberei aus. Und wenn es dumm kommt, kommen Räuber vorbei, die schon an der Amerikanischen Faulbrut erkrankt sind, und verteilen die Sporen auf der Wabe an unsere eigenen Bienen weiter. Somit könnte ein riesiger Infektionsherd entstehen.

Wir können stattdessen die Waben ausschmelzen und die Maden gut durchgekocht an die Vögel verfüttern oder tief im Komposthaufen vergraben. Auch Angler freuen sich über die Drohnenmaden. In Schweden übrigens sind die Drohnen gerade als Nahrungsmittel eingestuft worden. Nicht um sie geröstet verkaufen zu dürfen, sondern um sie als enzymreichen Zusatz in der Lebensmittelindustrie billig einsetzen zu können. Prost Mahlzeit.

Ausblick: Unsere Welt und die der Bienen

Was kommt demnächst alles auf uns und die Bienen zu? Auch die Welt der Bienen ist im Fluss, Weiterbildung tut not. Hier geht's um einen Blick über den Tellerrand, um Neuigkeiten aus der ganzen Welt.

Die meisten Neuigkeiten zum Thema Honigbienen betreffen sicherlich immer wieder die Varroabekämpfung.

Jeden Monat gibt es in der Fachpresse Meldungen über neue Behandlungsmethoden, ab und an auch Berichte von Varroatoleranz bei Völkern. Meistens sind es aber Rohrkrepierer: Weil die wissenschaftlichen Untersuchungen noch nicht abgeschlossen sind oder die Ergebnisse nicht so vielversprechend waren wie erhofft.

Männliche Varroen sind durchsichtig und nicht ausgefärbt, im Vergleich zu den braunen Weibchen.

Den Bienen wird eine ganze Menge zugemutet auf unserem Planeten im Namen der Forschung. Es wird mit Hormonen geforscht bei Biene und Varroa, um letztere so zu verwirren, dass sie die Geschlechtspartner nicht mehr finden. Zur Zeit wird an Pilzen geforscht, welche die Bienen gesünder in Hinblick auf die Varroa machen sollen. Man punktiert Brutwaben, um das Ausräumen der Völker zu beobachten, vergibt lustige Abkürzungen für dieses Prozedere, und trotzdem ist hier das Ei des Kolumbus noch nicht gefunden worden.

Viele dieser Berichte animieren Imker, fragwürdige Stoffe in ihre Völker zu kippen, ohne zu beachten, dass viele dieser Versuche nicht im Volk, sondern im Labor stattfanden. Nicht selten werden so Völker umgebracht.

In Schweden hat es die Drohnenmade auf die Liste der menschlichen Nahrungsmittel geschafft. Wie man sich das vorstellen kann? Es geht nicht darum, geröstete Drohnen zu essen, sondern darum, dass die Drohnen im Mixer zerrührt als Emulgatoren z. B. bei Süßspeisen eingesetzt werden. Mahlzeit, ist das naturnah?

Das größte Problem unserer Honigbiene ist sicherlich, dass sie so genügsam ist und fast alles hinnimmt. Sie lebt mit flusigen Imkern, lässt sich den Honig klauen, nimmt Kunststoffbeuten als Hausersatz an und minderwertiges Futter statt Honig. Und leider nutzt der Mensch das aus.

In Asien hat man Versuche gestartet, mehrere Königinnen in einem Volk zu halten, damit die Produktivität gesteigert werden kann. Man hat dazu den Königinnen die Mundwerkzeuge entfernt, da sie sich dann nicht mehr gegenseitig umbringen. Wenn es um Profit geht, fällt das Thema naturnahes Imkern gerne hintenüber. In Amerika sind Antibiotikagaben vorbeugend gegen AFB gestattet. Ähnlich wie bei uns Antibiotika in der Schweinezucht. Und und und.

Leider ist auch die Imkerei einer gewissen Mode unterworfen. Vor einigen Jahren hat hier kein Imker mit anderthalb Maß geimkert, heute scheint es so, als ob ohne Schied das Imkern nicht mehr möglich wäre. Ich habe viele Imker erlebt, die ein gutes funktionierendes Beutensystem gewechselt haben, weil die Presse ein anderes als Nonplusultra beworben hatte. Meist haben diese Imker mit dem neuen System dann erfolgreich Schiffbruch erlitten. Solche Umsiedlungen sollten vorher genau durchdacht und in Jahreszeiten ausgeführt werden, in denen die Bienen noch Wachs bauen und Propolis sammeln können.

Der Beutenkäfer ist unterwegs aus Italien, noch ist er nicht über die Alpen gelangt, aber selbst das ist nur noch eine Frage der Zeit.

Imkern wird nicht einfacher, sondern immer komplexer. Das Einzige, was wir dagegensetzen können, ist ein gutes und sicheres Begleiten unserer Bienenvölker. Wir müssen ein Auge auf sie haben und besonders in Hinblick auf Volksgröße und Gesundheit immer am Ball bleiben. Denn das ist der Schlüssel zum Erfolg. Gesunde, kräftige Völker kommen in der Regel gut klar. Abwechslungsreiche Ernährung zu jeder Zeit unterstützt die Bienengesundheit ganz ohne Medikamente. Nach wie vor ist ein schlüssiges Varroabehandlungskonzept unumgänglich. Nicht behandeln ist keine Option, wer damit experimentieren möchte, ist gut beraten, es in Gebieten zu tun, wo keine anderen Bienen leben, wie im Gebirge oder auf kleinen, unbewohnten Inseln.

Naturnah Imkern kann vieles bedeuten. Es ist eine Grundeinstellung, den Bienen möglich viele Freiheiten zu lassen, und auf Seiten der Imker der Ansporn, ruhig und gelassen mit den Bienen umzugehen. Wir können nur erfolgreich imkern, wenn wir beide miteinander harmonieren, die Bienen und wir, das ist der Trick beim naturnahen Imkern. Es bringt viel Spaß, ist enorm lehrreich und wunderschön, wenn wir unsere Bienen so erfolgreich gesund durch den Winter bekommen. Naturnah Imkern bedeutet aber auch, offen für Neues zu sein, bereit zu sein, dazuzulernen und auch, sich zurückzunehmen und zu beobachten, gut zuzuhören, was die Bienen uns sagen möchten. Wenn es funkt zwischen Ihnen und Ihren Bienen, entstehen lebenslange Freundschaften, ich wünsche es Ihnen von Herzen!

Die Autorin an ihrem Bienenstand.

Service

Zum Weiterlesen

- Faßmann, N. (2018): Mein Naturgarten. Wie er mir gefällt.
  Verlag Eugen Ulmer, Stuttgart.
  Aus jedem Garten lässt sich ein Paradies für Igel und Co. gestalten! Hier wird verraten, wie einfach das möglich ist.
- Frank, R. (2019): Honig. Köstlich, gesund und vielseitig.
  3. Aufl., Verlag Eugen Ulmer, Stuttgart.
  Tolle Rezepte und viele Infos für alle, die mehr wissen möchten rund um das Thema Honig.
- Heidinger, A.; Kuhn, Ch. (2020): Imkern mit der Bienenkugel.
  Verlag Eugen Ulmer, Stuttgart.
  Hier wird's rund – Bienen in ihrem natürlichen Habitat und trotzdem zu beimkern? Mit meiner eigenen Bienenkugel bin ich seit 2010 mit dabei und immer noch begeistert.
- Heidinger, A. (2022): Mit Bienen die Welt retten. SüdOst-Verlag.
  Ein großartiges Buch nicht nur für Imker, sondern für alle naturbegeisterten Menschen, die in die Welt der Bienen, Natur, Landwirtschaft hineinschnuppern und sich bestens informieren möchten. Hier eröffnet sich ein völlig neuer Horizont zu Prozessen und Zusammenhängen in der Natur.
- Schroeder, A. (2012): Gesundes aus Honig, Pollen, Propolis.
  Verlag Eugen Ulmer, Stuttgart.
  Der Bienenstock ist eine Wundertüte. Hier geht es um die Bienenerzeugnisse und das was man daraus alles herstellen kann. Rezepte für Leib und Seele, so schön und lecker!
- Tautz, J. (2007): Phänomen Honigbiene. Springer Spektrum, Heidelberg.
  Biologie, Entwicklung, Arbeitsleben: Die ganze Faszination der Honigbienen, ein Muss nicht nur für Imker, sondern auch für alle Bienenfreunde und Naturliebhaber!
- Tourneret, É.; Saint Pierre, S. de; Tautz, J. (2018): Das Genie der Honigbienen.
  Verlag Eugen Ulmer, Stuttgart.
  Unfassbar tolle Aufnahmen von Bienen und Volk, gespickt mit wissenswerten Fakten rund um den Superorganismus Honigbiene.
- Westphal, U. (2014): Die Schulimkerei.
  Eigenverlag, Bezug: undinewestphal.jimdo.com
  Der Klassiker im Bereich der nachhaltigen Bildung. Mit allen Informationen zu Planung, Aufbau, Betrieb einer Schulimkerei bzw. Projekten mit Kindern und Bienen. Inklusive Unterrichtsmaterialien.

- Westphal, U. (2014): Imkern mit Kindern und Schülergruppen. Eigenverlag, Bezug: undinewestphal.jimdo.com
  Mit Kindern und Schülergruppen die Bienen erfolgreich durch das Imkerjahr begleiten. Mit vielen Unterrichtsideen für die bienenfreie Saison.
- Westphal, U. (2015): Frauenpower am Bienenstock. Eigenverlag, Bezug: undinewestphal.jimdo.com
  Ein Imkercrashkurs (nicht nur) für Frauen. Hier geht es um das ganze Bienenjahr mit allen imkerlichen Tätigkeiten, beschrieben aus der Sicht einer Imkerin.
- Westphal, U. (2018): Hallo Wildbiene. Eigenverlag, Bezug: undinewestphal.jimdo.com
  Wichtige Infos für Wildbienenfreunde, um die zauberhaften kleinen Wesen im Garten anzusiedeln, satt zu bekommen und ihnen eine Unterkunft zu bieten.
- Westphal, U. (2020): Bienen und Blumen. Eigenverlag, Bezug: undinewestphal.jimdo.com
  Hier kommen endlich mal die Blühpflanzen zu Wort.
- Westphal, U. (2021): Auf der Suche nach den verschwundenen Bienen. Eigenverlag, Bezug: undinewestphal.jimdo.com
  Eine spannende Kinder-Bienen-Detektivgeschichte für Kinder ab 9 J.
- Westrich, P. (2019): Die Wildbienen Deutschlands. 2. Aufl., Verlag Eugen Ulmer, Stuttgart.
  Unverzichtbar für alle Wildbienenfreunde: Hervorragende Fotos und Erklärungen zu jeder einzelnen Wildbienenart, mit Futterpflanzen und Habitaten.

Dank

Vielen Dank an meine wunderbare Lektorin Regina Franke, die mich auch bei meinem zweiten Ulmer Buch durch Dick und Dünn begleitet hat. BBS, was tät ich ohne Dich, tausend Dank dafür.

Wichtige Adressen

- Imkerschule Bad Segeberg, Landesverband Schleswig Holsteinische- und Hamburger Imker e. V.: www.imkerschule-sh.de
  Tolle Kursinhalte für alle Imker und Naturliebhaber. Auch Onlinekurse
- www.deutscherimkerbund.de Der D. I. B. ist die höchste Instanz für Imker.
  Bietet Unterstützung bei allen Fragen, Gesetzen, Neuigkeiten, Forschungen im Bereich Imkerei.
- Homepage der Autorin: www.undinewestphal.jimdo.com
  Lädt ein zum Stöbern im Bereich Nachhaltige Bildung, Schulimkereien, Imkern mit Kindern, Unterrichtsmaterialien und mehr.
- Instagram-Account der Autorin: elsas.bienenbox
  Videos zum Staunen und Dazulernen im Bereich Biene und Natur.
- Podcast der Autorin bei Youtube: Elsas.Bienenbox
  Tolle Bienenthemen zum Reinhören und Dazulernen
- www.bienenpodcast.at
  Ein wirklich guter Bienenpodcast: Sehr interessante Bienengespräche, hervorragend recherchiert!

FACHZEITUNGEN

- Deutsches Bienenjournal: www.bienenjournal.de
- Biene&Natur: www.dlv-shop.de
  Wichtige Infos zum Thema Bienenkrankheiten, Gesetze, Monatsbetrachtungen und vieles mehr, unverzichtbar!

IMKEREIBEDARF

- Fa. Holtermann: www.holtermann-shop.de
  Ein wunderbarer Laden mit hervorragender Beratung; riesiges 2.-Wahl-Lager.
- Mellifera: www.mellifera.de
  Der Verein fürs wesensgemäße Imkerei; hier wird auch mal die Biene gehört. Super interessant für sehr naturverbundene Menschen.

- Dittmars Stoffhaus: www.dittmars-stoffhaus.de
  Bienenstoffe in großer Auswahl.

Register

BILDNACHWEIS

Alle Bilder im Buch stammen von der Autorin Undine Westphal.
Das Titelbild stammt von DaMoJo/Shutterstock.com und die Schmuckelemente auf dem Cover von Elyutina Polina/Shutterstock.com. Die Schmuckelemente im Innenteil stammen von Malashkos/Shutterstuck.com (Biene) und red.sign (Blumen).

IMPRESSUM

Hinweis

Anmerkung zur Schreibweise (Gendering): Gendergerechtigkeit und Inklusion sind bei uns gelebte Praxis - bei der Auswahl unserer Themen, bei der Recherchearbeit, in der Gestaltung. Unsere Texte meinen alle. Damit unsere Inhalte jedoch gut lesbar bleiben, verzichten wir in diesem Werk auf die jeweilige Mehrfachnennung oder Anpassung der Schreibweise bestimmter Bezeichnungen an die weibliche, männliche oder diverse Form.

BIBLIOGRAFISCHE INFORMATION DER DEUTSCHEN NATIONALBIBLIOTHEK
Die Deutsche Nationalbibliothek verzeichnet diese Publikation in der Deutschen Nationalbibliografie; detaillierte bibliografische Daten sind im Internet über http://dnb.d-nb.de abrufbar.

Wollgrasweg 41, 70599 Stuttgart (Hohenheim)
E-Mail: info@ulmer.de
Internet: www.ulmer.de

Projektleitung: Antje Munk
Lektorat: Regina Franke, Saskia Hoen
Herstellung: Judith Schumann
Umschlaggestaltung: Anette Vogt, www.redsign.de, Stuttgart
Satz: Susanne und Gerhard Junker, www.redsign.de, Stuttgart
Reproduktion: time:ray, Jettingen
Druck und Bindung: Westermann Druck, Zwickau
Printed in Germany

FSC www.fsc.org MIX Papier | Fördert gute Waldnutzung FSC® C110508

ISBN 978-3-8186-1753-0

HIER KÖNNEN SIE WEITERLESEN

Das Einsteigerwerk! Schritt für Schritt und mit vielen Fotos werden Sie ans bienengerechte Imkern herangeführt – vom biologischen Basiswissen über Honig- und Wildbienen bis hin zu den wichtigen Fragen bei der Vorbereitung: Wie sind die rechtlichen Voraussetzungen? Ist mein Garten bienenfreundlich? Welche Beute passt zu mir? Welche Bienenkrankheiten gibt es? Im praktischen Teil führt die Autorin Sie einmal quer durchs Bienenjahr: Was geht wie, wann muss ich was tun und warum? So können Sie gleich loslegen und bienengerecht und nachhaltig imkern.

Der Imkerkurs für Einsteiger. Nachhaltige Bienenhaltung Schritt für Schritt.
Mit über 120 Fotos genau erklärt. U. Westphal. 2021. 160 S., 122 Farbfotos, Klappenbroschur.
ISBN 978-3-8186-1314-3.

SO SUMMT IHR GARTEN

In diesem Buch erfahren Sie, wie Sie es Wildbienen und Hummeln in Ihrem Garten noch gemütlicher machen können. Kommen Sie mit auf Entdeckungsreise durch den Garten und lernen Sie die häufigsten Wildbienen und Hummeln persönlich kennen. Erfahren Sie, welche Pflanzen Maskenbiene, Gehörnte Mauerbiene, Baumhummel und Co. am liebsten mögen und wie Sie diese in Ihren Garten integrieren. Mit ausführlichen Bienen-, Hummel- und Pflanzenporträts, vielen Tipps für die bienenfreundliche Gartengestaltung und einem Flugzeitenkalender steht einem emsigen Summen und Brummen in Ihrem Garten nichts mehr im Wege.

Mein Bienengarten. Bunte Bienenweiden für Hummeln, Honig- und Wildbienen. E. Schwarzer. 2., erweiterte Auflage 2020. 144 S., 130 Farbfotos, Klappenbroschur.
ISBN 978-3-8186-0948-1.

EINE RUNDE BIENENBEUTE?

Aktuell wird viel über das weltweite Bienensterben diskutiert: Andreas Heidinger und Christian Kuhn bringen mit ihrem Buch mögliche Lösungsansätze in die Debatte ein. Sie stellen ein neues, den modernen imkerlichen Ansprüchen genügendes Beutensystem vor, das sich an der natürlichen Lebensweise der Bienen orientiert und ihnen so ein friedliches, gesundes Leben ermöglicht: Die Bienenkugel! Erfahren Sie, welche Beobachtungen zu diesem runden Beutensystem geführt haben und welche Vorteile es im Gegensatz zu den herkömmlichen rechteckigen Kästen mit sich bringt. Lernen Sie, wie die Bienenkugel aufgebaut ist und wie man damit imkert. Sowohl für Neuimker als auch für erfahrene Experten geeignet.

Imkern mit der Bienenkugel. Rund statt eckig - Lernen von der Natur. Bienen besser verstehen. A. Heidinger, C. Kuhn. 2020. 128 Seiten, 90 Farbfotos, 11 farbige Zeichnungen, geb. ISBN 978-3-8186-0931-3.

WILD UND WERTVOLL

Wildbienen leben auch in Ihrem Garten – emsig auf der Suche nach Blüten als Nahrungsquelle und nach Nistplätzen im Boden, in Pflanzen oder in Insektenhotels. Wie die friedlichen Wildbienen leben und jedes Jahr für Nachwuchs sorgen, erfahren Sie in diesem Buch. Der Naturfotograf Philippe Boyer beschreibt die fleißigen Sympathieträger liebevoll und kenntnisreich, seine bewegenden Nahaufnahmen zeigen die Schönheit und das Verhalten der Wildbienen im Detail. Folgen Sie den mörtelnden Mauerbienen, beobachten Sie Blattschneiderbienen beim Scherenschnitt, entdecken Sie Kuschelnester bauende Wollbienen.